十四五

冶金工业出版社

普通高等教育"十四五"规划教材

矿物加工工程专业实验

黄　根　　邓久帅　　王平平
徐宏祥　　张　浩　　吕子奇　　编著

北　京
冶 金 工 业 出 版 社
2025

内 容 提 要

本书以煤炭分选实验为核心，结合金属矿和非金属矿分选实验相关内容，介绍了矿物加工工程专业实践教学中常用的实验。本书共分为四章，分别为工艺矿物学实验、煤炭分选实验、金属矿和非金属矿分选实验、智能分选实验。每个实验包括实验要求、基本原理、仪器设备与材料、实验步骤、实验中注意事项、数据处理、实验报告、思考题等。

本书可作为高等院校矿物加工工程专业的实验教材，也可供矿物加工工程领域相关技术人员、管理人员和实验室化验人员参考。

图书在版编目（CIP）数据

矿物加工工程专业实验 / 黄根等编著 . -- 北京 ：冶金工业出版社，2025. 3. --（普通高等教育"十四五"规划教材）. -- ISBN 978-7-5240-0152-2

Ⅰ. TD9-33

中国国家版本馆 CIP 数据核字第 2025MG4014 号

矿物加工工程专业实验

出版发行	冶金工业出版社	电　　话	（010）64027926
地　　址	北京市东城区嵩祝院北巷 39 号	邮　　编	100009
网　　址	www. mip1953. com	电子信箱	service@ mip1953. com

责任编辑　卢　蕊　美术编辑　吕欣童　版式设计　郑小利
责任校对　郑　娟　责任印制　窦　唯
北京印刷集团有限责任公司印刷
2025 年 3 月第 1 版，2025 年 3 月第 1 次印刷
787mm×1092mm　1/16；9.75 印张；237 千字；150 页
定价 36. 00 元

投稿电话　（010）64027932　投稿信箱　tougao@cnmip. com. cn
营销中心电话　（010）64044283
冶金工业出版社天猫旗舰店　yjgycbs. tmall. com
（本书如有印装质量问题，本社营销中心负责退换）

前　言

矿物加工工程专业实验是矿物加工专业本科实践教学的一个重要组成部分。矿物加工工程专业实验作为一门独立课程，与矿物加工学专业课相辅相成。通过专业实验教学，将理论与实践相结合，培养学生的实验操作技能、数据分析能力和创新思维能力。

本书在煤炭分选实验的基础上，增加了金属矿和非金属矿分选实验。近年来，智能分选技术发展迅速，书中还增加了智能分选实验相关内容。本书内容兼顾教学和实践，具有很强的可操作性，有利于学生在实践中进一步理解和掌握矿物加工相关理论知识，激发学生对专业的学习兴趣，增强学生的创新和实践能力。

全书共分为四章，第一章为工艺矿物学实验，包括矿物的肉眼鉴定、不透明矿物单偏光显微镜下的鉴定、显微镜下矿物含量和嵌布粒度测定、单体解离度测定等实验内容；第二章为煤炭分选实验，包括样品的制备、破碎、磨矿和筛分实验，以及重力分选实验、浮选实验、固液分离实验等内容；第三章为金属矿和非金属矿分选实验，包括金属矿磁选、硫化矿浮选、反浮选脱硅、浸出、焙烧等实验内容；第四章为智能分选实验，包括煤矸图像采集、煤矸智能识别、煤炭显微图像采集、煤炭显微图像灰分智能检测、煤泥浮选泡沫图像采集、煤泥浮选泡沫识别等实验内容。

本书第一章由徐宏祥编写，第二章由黄根和王平平编写，第三章由邓久帅和张浩编写，第四章由吕子奇编写，全书由黄根统稿。

本书在编写过程中，得到了中国矿业大学（北京）化学与环境工程学院矿物加工工程系老师和实验员的大力支持，在此表示衷心的感谢。同时，本书引用了国内外相关文献的一些内容，在此谨向文献作者表示诚挚的谢意。本书的出版得到了中国矿业大学（北京）中央高校优秀青年团队项目（2023YQTD03）的资助。

　　由于编者水平所限，书中难免有疏漏和不妥之处，敬请同行和读者批评指正。

编　者
2024 年 8 月

目　　录

第一章　工艺矿物学实验

实验 1-1　矿物的肉眼鉴定实验

矿物的肉眼鉴定主要是根据矿物的颜色、光泽、条痕、解理、硬度的特点来进行鉴定工作，是一种简便、迅速而又易掌握的方法，是野外地质工作的基本功之一。矿物的形态和矿物的物理性质是肉眼鉴定矿物的两项主要依据，必须学会使用简便工具，认识、鉴别、描述矿物的这些性质。

一、实验要求

（1）了解肉眼鉴定矿物的方法和步骤。

（2）熟悉常见矿物的鉴定特征和观察方法，并写出简单的鉴定报告。

二、基本原理

肉眼鉴定矿物的大致过程是从观察矿物的形态着手，然后观察矿物的光学性质、力学性质，进而参照其他物理性质或借助于化学试剂与矿物的反应，最后综合上述观察结果，查阅有关矿物特征鉴定表，即可查出矿物的定名。

（一）矿物的形态特征

1. 单体形态

根据单个晶体三维空间相对发育的比例不同，可将晶体形态特征分为一向延长、二向延长和三向等长三种。

一向延长晶体：柱状——石英（水晶）、角闪石；毛发状——石棉。

二向延长晶体：片状——云母、绿泥石；厚板状——重晶石。

三向等长晶体：粒状——石榴子石、黄铁矿、橄榄石、方铅矿。

2. 集合体形态

显晶集合体：柱状集合体——普通角闪石、电气石、红柱石；纤维状集合体——石膏、石棉；片状集合体——云母、镜铁矿；粒状集合体——橄榄石、石榴子石；晶簇——石英、方解石。

隐晶及胶态集合体：结核状——钙质结核、黄铁矿结核；鲕状及豆状——赤铁矿；钟乳状——方解石；土状——高岭土。

（二）矿物的光学性质

1. 颜色

根据颜色产生的原理不同，矿物颜色可分为自色、他色、假色，但具有鉴定意义的主要为自色。

2. 条痕

条痕指矿物粉末的颜色，一般是指矿物在白色无釉瓷板上擦划所留下的痕迹的颜色。条痕色可能深于、等于或浅于矿物的自色。条痕色对不透明的金属、半金属光泽矿物的鉴定很重要，而对透明、玻璃光泽矿物来说，意义不大，因为它们的条痕都是白色或近于白色。

3. 光泽

光泽指矿物表面的光亮程度，是由矿物表面对光的反射率的大小所决定的，可将矿物的光泽分为金属光泽、半金属光泽、非金属光泽三类。非金属光泽中，由于矿物表面不平整或在某些集合体表面会产生特殊的变异光泽，如油脂光泽、丝绢光泽、珍珠光泽、土状光泽等。

注意要点：观察矿物光泽时，一定要在新鲜面上观察，主要观察晶面和解理面上的光泽。

4. 透明度

矿物透明度指矿物透过光线的程度，一般是以矿物厚度 0.03 mm 的薄片为准，分为透明、半透明和不透明三级。

（三）矿物的力学性质

1. 解理

解理是指矿物在外力作用下能够沿着特定的方向裂开成光滑平面的性质，是矿物的重要鉴定特征之一。解理按其发育程度分为极完全解理、完全解理、中等解理、不完全解理和极不完全解理五级。

（1）观察解理等级：根据解理面的完好和光滑程度以及大小，确定其解理等级。注意观察白云母、方解石、普通角闪石、磷灰石、石英的解理发育情况。

（2）观察解理组数：矿物中相互平行的一系列解理面称为一组解理。注意观察云母正长石、方解石、萤石的解理组数。

（3）观察解理面间的夹角：两组及两组以上的解理，其相邻两解理面间的夹角亦是鉴定矿物的标志之一。注意观察正长石、辉石、角闪石、萤石的解理夹角。

注意要点：肉眼观察矿物的解理只能在显晶质矿物中进行。确定解理组数和解理夹角必须在一个矿物单体上观察。

2. 断口

根据矿物受力后不规则裂开的形态，可分为贝壳状断口、参差状断口、土状断口、锯齿状断口等类型。注意观察石英、黄铁矿、高岭土的断口，并确定其类型。

3. 硬度

肉眼观察的是矿物的相对硬度，通过摩氏硬度计，以不同硬度的矿物为标准进行比较而确定的。不同矿物的摩氏硬度级别见表 1-1。

表 1-1 不同矿物的摩氏硬度级别

矿物名称	滑石	石膏	方解石	萤石	磷灰石	正长石	石英	黄玉	刚玉	金刚石
摩氏硬度级别	1	2	3	4	5	6	7	8	9	10

（四）矿物的其他物理性质

矿物的其他物理性质包括磁性、导电性、发光性、放射性、延展性、脆性、弹性和挠性等。

　　并非大多数矿物都能表现出很典型的上述物理性质。注意观察磁铁的磁性、磷铁矿的发光性、自然金的延展性、云母的弹性等。

（五）一些常见矿物的鉴定特征

　　在表 1-2 中列出了一些常见矿物的鉴定特征。

表 1-2　一些常见矿物的鉴定特征

颜色	光泽	条痕	硬度	解理	其他	鉴定结果
无色、白色	玻璃光泽	无色	大	无	具贝壳状断口	石英
灰白色	玻璃光泽	无色	大	有两组，垂直		斜长石
肉红色	玻璃光泽	无色	大	有两组，垂直		钾长石
无色、白色	玻璃光泽	无色	中	有三组，不垂直	滴 HCl 起泡	方解石
黑色	金属光泽	黑灰色	大	无	有磁性	磁铁矿
赭红色	半金属光泽	褐红色	大	无		赤铁矿
铅灰色（金属亮灰色）	金属光泽	黑色	中	有三组，垂直	较重	方铅矿
铜黄色（金属黄色）	金属光泽	黑色	中	无	较重	黄铜矿
浅铜黄色（浅金属黄色）	金属光泽	黑色	大	无	较重，常见立方体晶形	黄铁矿
无色、浅彩色	玻璃光泽	无色	中	有多组，不垂直	滴 HCl 不起泡	萤石
无色、浅彩色	玻璃光泽	无色	中	有多组，有垂直的也有不垂直的	滴 HCl 不起泡，很重	重晶石

三、仪器设备与材料

　　摩氏硬度计、小刀、放大镜、磁铁、铁锤、矿物标本、稀盐酸等。

四、实验步骤

　　（1）依次观察矿物单体形态、集合体形态、颜色、透明度、光泽。

　　（2）把要鉴定的矿物与瓷板摩擦，得到矿物粉末的颜色——条痕。

　　（3）用摩氏硬度计中的标准矿物刻划被鉴定矿物，观察被鉴定矿物上是否留下刻痕以确定相对硬度。

　　（4）观察解理：首先找准解理面（注意解理面和矿物晶面之间的区别），然后观察解理的完善程度。

　　（5）观察断口：判断是矿物单体的断口还是集合体的断口，观察断口的形态。

　　（6）用手大致衡量比重（即密度），分为重、中等、轻三个级别。

　　（7）注意矿物有无臭味、磁性、弹性。

　　（8）对碳酸盐矿物，可加稀盐酸，观察其反应特征。

五、实验中注意事项

（1）注意部分矿物样本可能存在尖锐棱角，不要被划伤。

（2）试验结束后应将矿物样本物归原处，防止损失与丢失后对其他实验人员造成伤害。

六、数据处理

按表1-3格式观察并记录教师指定的矿物标本信息。

表1-3   矿物物理性质的观察与描述

标本号	矿物名称	形态	光学性质				力学性质			其他性质
			颜色	条痕	光泽	透明度	解理	断口	硬度	

七、实验报告

按表1-3记录格式观察描述教师指定的矿物标本并回答思考题。

八、思考题

（1）无色透明矿物可呈现深色条痕吗？

（2）目视观察到的光学性质与矿物的发光性是否一样？

（3）观察矿物的解理时，是否必须打击矿物？应怎样观察？

（4）有些标本很容易捏碎，是否表明该矿物一定硬度低？为什么？

实验 1-2　不透明矿物单偏光显微镜下的鉴定实验

一、实验要求

偏光显微镜是对透明和半透明矿物岩石进行鉴定及显微结构研究的重要仪器，在使用前必须了解它的基本构造和使用、调节方法，具体包括：熟悉偏光显微镜的基本构造、各部分的性能、用途及使用方法，初步了解偏光显微镜的应用，了解偏光显微镜的构造及其与普通光学显微镜的区别，掌握偏光显微镜的使用、调节和校正方法。同时要掌握反光显微镜操作。观察不透明矿物在单偏光镜下的光学性质。在给定矿片上观察典型代表矿物的反射色、结晶粒度、反射率，确定矿物的双反射及反射多色性等内容。

二、基本原理

偏光显微镜是鉴定物质细微结构光学性质的一种显微镜。偏光显微镜的特点就是将普通光改变为偏振光，以鉴别某一物质是单折射性（各向同性）或双折射性（各向异性）。

光线通过某一物质时，如光的性质和进路不因照射方向而改变，这种物质在光学上就具有"各向同性"，又称单折射体，如普通气体、液体以及非结晶性固体；若光线通过另一物质时，光的速度、折射率、吸收性和偏振、振幅等因照射方向而有不同，这种物质在光学上则具有"各向异性"，又称双折射体，如晶体、纤维等。

偏光显微镜最重要的部件是偏光装置——起偏器和检偏器，过去此两者均为尼科尔（Nicol）棱镜组成。尼科尔棱镜由天然的方解石制作而成，但由于受到晶体体积较大的限制，难以取得较大面积的偏振。偏光显微镜则采用人造偏振镜来代替尼科尔棱镜。人造偏振镜是以硫酸喹啉晶体制作而成的，呈绿橄榄色。当普通光通过它后，就能获得只在一直线上振动的直线偏振光。

偏光显微镜有两个偏振镜，一个装置在光源与被检物体之间的叫"起偏镜"，另一个装置在物镜与目镜之间的叫"检偏镜"，有手柄伸手镜筒或中间附件以便操作，其上有旋转角的刻度。从光源射出的光线通过两个偏振镜时，如果起偏镜与检偏镜的振动方向互相平行，即处于"平行检偏位"的情况下，则视场最为明亮；反之，若两者互相垂直，即处于"正交检偏位"的情况下，则视场完全黑暗；如果两者倾斜，则视场表现出中等程度的亮度。

由此可知，起偏镜所形成的直线偏振光，如其振动方向与检偏镜的振动方向平行，则能完全通过；如果偏斜，则只能通过一部分；如若垂直，则完全不能通过。因此，在采用偏光显微镜时，原则上要使起偏镜与检偏镜处于正交检偏位的状态进行。

晶体是由排成规整的行列和平面的原子或原子团构成的。当光波的振动平面恰巧能塞进两个原子平面之间时，它就很容易通过这块晶体；要是它的振动平面与原子的平面成一个角度，它就会撞在原子上，光波就要消耗很多能量方能继续振动下去，这样的光会局部或全部被吸收掉。

下面介绍 BK-POLR 反光显微镜（重庆奥特）的基本结构及性能。

（1）机械系统：镜座、镜臂、镜筒、物台、升降螺旋等。

（2）光学系统：按照目镜、物镜、垂直照明系统的顺序介绍。目镜 10×。物镜 4×（低倍）、10×（中倍）、20×（高倍）、40×（高倍）、60×（高倍）。垂直照明系统包括入射光管和反射器。入射光管的滤色镜旋转一周可出现四种色光、滤光镜旋转一周可出现四种光强，孔径光圈（A）用于控制入射光束直径，视域光圈（F）用以调节视域大小，前偏光镜（P）使入射的自然光变为平面偏光。反射器（玻片式）改变入射光的传播方向。

关于自然光、单偏光、正交偏光的获取条件和使用方法：自然光——推开前偏光镜（前偏光镜手柄放在镜筒右边），拉出上偏光镜。单偏光——加上前偏光镜（前偏光镜手柄放在镜筒前方"IN"位置），拉出上偏光镜。正交偏光——加上前偏光镜（前偏光镜手柄放在镜筒前方"IN"位置），推入上偏光镜（使偏光面处于0°位置，即"AN"处）。

三、仪器设备与材料

偏光显微镜、光片盒、工具盒、压片台。

四、实验步骤

（一）熟悉反光显微镜结构

（1）擦净光片：在绒布擦板上摩擦光片，使光片明亮洁净，方能进行观测。

（2）压平光片：把光片安装在粘有胶泥的玻璃片上，再用压片台压平。取方铅矿或黄铁矿擦净压平以待观测。

（3）打开光源，调节光源强度（一般用 8 V 左右电压比较合适）。

（4）调节光色和光强：旋转滤色镜和滤光镜，可以调节出不同的光色和光强。一般观测时用 LBD（白光）和光强"0"组合较为合适，必要时也用 IF550（绿色）和光强"0"的组合。

（5）准焦成像：调节焦距使成像清晰。

（6）观测矿物：认识并熟悉显微镜的光色和光强特征。

（二）反射色

（1）显微镜是精密光学仪器，使用时必须注意轻拿轻放各部件，并保持清洁。

（2）白炽灯必须通过变压器使用，不用灯时注意随手关灯。OLYMPUS 型反光显微镜具有可变光源，不用灯时可将其调弱。关灯时注意先调弱光源后再关闭开关。

（3）光片必须擦净压平，切忌有错色和异物。

（4）用中、低倍物镜观测为宜。要求在纯白色入射光下观测，以便能正确反映反射色的本来特征。

（5）当反射色不同的矿物出现在同一视域内，观测时由于"视觉色变"的影响，会使某些矿物的反射色产生细微变化，如黄铁矿若与方铅矿连生，其浅黄色反射色很明显，若与黄铜矿连生，浅黄色反射色就被黄铜矿的黄色反射色掩盖而显出黄白色。因此，观测反射色时应注意周围连生矿物引起的视觉色变。如果观测某矿物的反射色时受到视觉色变的干扰，拿该矿物与方铅矿（纯白色）进行对比，就容易消除视觉色变影响，得出正确结论。

（6）微弱颜色类矿物，其反射色所带色调不易识别，应选择与方铅矿（纯白色）连生的部位或与方铅矿镶压在一起观测，反射色的差异就容易显现出来。如辉银矿的灰绿色色调不明显，若与方铅矿连生在一起就比较容易识别。

（7）矿物的反射色多种多样，其类别是人为划分的。有些矿物易于划归类别，有些矿物则常处于两种过渡的类别之间（如磁黄铁矿），难以确切划分，故描述时应以实际观测的特征为准。

（8）爱护光片，不能随意刻划。用完光片后做到物归原处，切勿损坏和丢失。

（三）反射率

（1）反射率的镜下特征表现为不同的明亮程度，是确定矿物反射率视测分组的依据。反射率高的矿物，反射光强度大且视域明亮、刺眼；反射率中等的矿物，反射光强度一般且视域柔和、不刺眼；反射率低的矿物，反射光强度小且视域暗淡。

（2）用视测对比法观测矿物反射率，镜下的明暗程度是相对的，同一矿物与不同矿物相比，镜下特征亦不相同。如闪锌矿：其与石英相比，要比石英明亮得多；与方铅矿相比，则比方铅矿暗淡得多。因此，镜下观测时，必须与标准矿物进行对比，才能得出正确的结论。

（3）为了正确判断反射率级别和识别其特征，必须注意以下几点：

一是光片必须擦净压平，应选择磨光较好且平滑而光亮的部位进行对比观测。

二是用中、低倍物镜观测为宜，并且观测时可左右（或前后）移动光片，这样做能扩大观测范围，便于正确对比和判断矿物的反射率差异。

三是可将两种矿物的光片紧密镶压在一起观测，以便在同一视域中同时能见到两种矿物，便于观测对比。如果两种矿物不能在同一视域中观测，可利用"视觉暂留"法，效果较好。注意镜下与实物成倒像。

四是观测矿物反射率时只比亮度，不比颜色。若两种矿物反射色差别较大，可使用滤光片，以减少反射色的干扰。经过滤光后，在同一色光下对比两种矿物的反射率，可提高观测的正确性。

五是有些矿物的反射率接近标准矿物，我们把这些矿物称为"边界矿物"，观测时由于仪器、光片质量、人眼的视测差异等，可能反射率会大于或小于标准矿物。判断它们的反射率级别应以实际观测结果为准。

（四）双反射及反射多色性

（1）光片必须擦净压平，保证视域亮度均匀，防止观测误差。

（2）不同方位的颗粒集合体，比单独颗粒易于观测双反射及反射多色性，故选择颗粒集合体和具双晶的颗粒，注意观测其颗粒界限，对识别双反射及反射多色性的特征效果较好。如没有集合体或矿物颗粒较大，可多看几个视域，以便得出正确结论。

（3）选用中、低倍物镜观测，可扩大观测范围，增加判断的正确性。

（4）可见双反射的矿物中，有的矿物双反射及反射多色性很明显而有的矿物不明显。双反射及反射多色性明显的矿物，现象易于观测，转动物台时，矿物的反射率或反射色有变化；不转动物台，注意观察亦会见到矿物的颗粒界限。双反射及反射多色性不明显的矿物，现象不易观测，其反射率或反射色的变化微弱，初学者不易掌握，可先在不完全正交偏光下观测，找出矿物的颗粒界限，然后去掉上偏光镜，仍在原视域内仔细观察矿物颗粒界限两侧有无反射率或反射色的变化，这样做能帮助判断镜下特征，效果较好。

五、实验中注意事项

（1）实验过程中注意正确使用显微镜，避免显微镜破损导致玻璃碎渣划伤实验人员。

（2）光片使用完毕后应放回光片盒中，避免遗失与破损。

六、数据处理

详细记录实验过程中的所有观察结果。基于数据分析撰写实验报告，说明实验观察到的矿物特性及其对矿物鉴定的意义。

七、实验报告

记录操作过程中遇到的问题以及解决思路，观察描述教师指定的矿物标本并回答思考题。

八、思考题

（1）偏光显微镜与普通显微镜相比有哪些区别？偏光显微镜观察方法主要有哪些？

（2）什么是矿物的轮廓线？什么是矿物的贝壳线？在提升镜筒时，两者有什么变化？为什么？

（3）正交偏光下观察非均质矿物不垂直光轴切片，在转动载物台时会出现什么现象？为什么？

实验 1-3　显微镜下矿物含量和嵌布粒度测定实验

一、实验要求

观察元素的赋存状态类型，掌握矿物嵌布粒度的测定方法，学会计算各粒级的含量。

（1）能够正确操作反光显微镜。

（2）掌握典型矿物在反光显微镜下的特征。

（3）能够利用目镜微尺测定矿物粒度。

（4）学会利用目镜微尺测定矿物粒度的方法。

（5）利用镜下矿物特征初步分析元素的赋存状态。

二、基本原理

显微镜下矿物定量测定的方法有面测法、线测法和点测法三种，分别利用待测矿物表面积、线段长度和表面所占点数来测定其含量。

（1）面测法是根据光片或薄片中各矿物所占面积百分数等于矿物在原料中所占体积百分数的基本原理来测定矿物含量的。

（2）线测法的原理是矿片表面不同矿物沿一定方向直线上线段截距长度百分数与其在原料中的质量分数相等。

（3）点测法的原理是矿片上各种矿物表面所占点数之比与各矿物在原料中的体积之比相等。

矿物嵌布粒度可分为结晶粒度与工艺粒度。结晶粒度是指单个结晶颗粒的大小，主要用于成因研究。工艺粒度是指某矿物的集合体颗粒和单个颗粒的大小。矿物的嵌布粒度特性就是指矿物工艺粒度的大小和分布特征。显微镜下粒度测量的方法主要有面测法、线测法和点测法。

（1）面测法也称为横尺面测法，适用于粒状颗粒的测量。该方法借助于目镜微尺、机械台和分类计数器（若无分类计数器用笔记录也可）三者配合进行。

（2）线测法主要有横尺线测法和顺尺线测法。横尺线测法是测量一定间距（距离以较大一些为好，以免重测粗粒径的颗粒）测线上所遇及的粒状颗粒。顺尺线测法适用于非粒状的不规则颗粒，测量按一定间距分布的测线上所遇及的颗粒，但由于颗粒的形状极不规则，不能测其"定向最大截距"，而只能测其与测线平行交切的"定向随机截距"。

（3）点测法主要适用于粒状颗粒。该方法是借助于目镜微尺（垂直测线方向横放）、电动计点器（电动求积台）配合进行的，用以沿测线测量通过十字丝交点的等间距分布测点上的各粒级矿物点的数目。

三、仪器设备与材料

双目显微镜。

四、实验步骤

（1）观察镜下矿物特征，识别元素的载体矿物、单质矿物、显微包裹体等，初步分析元素的赋存状态类型。

（2）用线测法测定某矿石中有用矿物的嵌布粒度。

（3）计算各粒级的含量。

（4）观察矿物嵌布情况及分布规律。

五、实验中注意事项

（1）实验过程中注意正确使用显微镜，避免显微镜破损导致玻璃碎渣划伤实验人员。

（2）光片使用完毕后应放回光片盒中，避免遗失与破损。

六、数据处理

（1）将粒度测定资料整理汇总，计算各粒级的含量和累计含量，并把计算结果填入表1-4和表1-5中。

表1-4　粒度测定结果记录表1

粒级	刻度格数	粒度范围/mm	实测颗粒数
I	32~64	0.896~1.702	
II	16~32	0.448~0.896	
III	8~16	0.224~0.448	
IV	4~8	0.112~0.224	
V	2~4	0.058~0.112	
共计	2~64	0.058~1.702	

表1-5　粒度测定结果记录表2

粒级	粒度范围/mm	比表面积粒径	实测颗粒数	含量比	含量分布/%	累计含量/%
I						
II						
III						
IV						
V						
共计						

（2）将实验结果简要绘制成粒度组成曲线。

七、实验报告

记录操作过程中遇到的问题以及解决思路，并回答思考题。

八、思考题

为什么说有用矿物嵌布粒度测定是矿石加工的重要环节？

实验 1-4　单体解离度测定实验

一、实验目的

观察矿石的矿物元素赋存状态、矿物粒度大小、嵌布情况及分布规律，观察单矿物连生体发育情况并分析矿物解离的影响因素。

（1）能够熟练操作反光显微镜，掌握常见矿物在显微镜下的光学特征，能够正确操作相应的破碎设备、抛光设备，学会制作砂光片。

（2）学会快速鉴定显微镜下未知矿物的方法，学会分析矿物解离的影响因素。

（3）依据单矿物连生体发育情况分析矿物解离的影响因素。

二、基本原理

矿石组成矿物在外力作用下演变为单体的过程，称为矿物解离。矿石分选是为了有效地富集并回收矿石中的有用矿物。为此，首先必须经破碎、磨矿使所含矿物（特别是有用矿物和脉石矿物）相互解离。

块体矿石碎、磨成粉末状颗粒产品后，其中的颗粒，有的仅含有 1 种矿物，有的则是有用矿物与脉石矿物共存。前者称为已从矿石中解离出的单体（颗粒），后者称为矿物的连生体（颗粒）。

产物中某种矿物的单体含量与该矿物总含量的百分数，称为所求矿物的单体解离度：

$$\bar{L}_m = \frac{q_m}{q_m + q_t} \times 100\% \tag{1-1}$$

式中　$\bar{L}_m$——矿石碎、磨产品中某种矿物的单体解离度；

q_m——矿石碎、磨产品中某种矿物的单体含量；

q_t——矿石碎、磨产品中某种矿物在其自身连生体中的含量。

三、仪器设备与材料

双目显微镜、破碎机、筛分机。

四、实验步骤

（1）将给定矿石粗碎至 -10 目（-2 mm），取样品制成片，一面抛光，在反光显微镜下观察矿物特征、粒度大小、单矿物连生体发育情况，并记录在相应表格中。

（2）将粗碎后的矿石再进行细碎至 -100 目（-0.15 mm），取样品制成片，一面抛光，在反光显微镜下观察矿物特征、粒度大小、单矿物连生体发育情况，并记录在相应表格中。

（3）将细碎至 -100 目（-0.15 mm）的矿石继续细碎至 -150 ~ -200 目（-0.104 ~ -0.074 mm），取样品制成片，一面抛光，在反光显微镜下观察矿物特征、粒度大小、单矿物连生体发育情况，并记录在相应表格中。

（4）依据表格数据，统计粒度及连生体变化情况，分析矿物解离的影响因素。

五、实验中注意事项

（1）操作破碎机时应收紧袖口，避免衣物卷入造成人员伤害，不得在破碎机周围嬉戏打闹。

（2）使用筛分器械时应做好戴口罩等防护措施，不要靠近正在运行的筛分器械，取下筛框时应先断电再操作。

六、数据处理

根据记录的数据，计算每个粒级的有用矿物单体解离度。

七、实验报告

记录操作过程中遇到的问题以及解决思路，并回答思考题。

八、思考题

有用矿物单体解离度的测定在选矿中有何意义？

第二章　煤炭分选实验

煤样的制备和分析实验

实验 2-1　煤样的制备实验

一、实验要求

（1）熟悉煤样制备的过程和基本要求。

（2）掌握煤样制备的方法。

二、基本原理

（一）煤样制备的目的

由于煤的均匀性差，为保证所采煤样具有代表性，采集来的煤样必须经过一定的制样程序（破碎、筛分、混合、缩分、干燥等），减小煤样的粒度和数量，使煤样既满足各项具体实验对粒度和质量的要求，又与原煤样在物质组成和理化性质方面保持一致（即煤样具有代表性）。

煤样的制备是各种实验的基础和前提，如果煤样制备不当，就会失去代表性，实验结果也会失去意义。

（二）煤样制备的工序及设备

煤样制备前应了解该样品将要进行几类和几个实验，以及每个实验对样品的粒度和质量的要求，然后根据要求编制缩分制样流程。该流程一般包括破碎、筛分、混合、缩分和空气干燥等工序。按照《煤样的制备方法》（GB/T 474—2008）的要求进行操作，可以保证煤样制备和分析的总精度。下面主要介绍破碎、筛分、混合和缩分。

1. 破碎

破碎的目的是减小煤样的粒度，增加不均质的分散程度，是保证煤样代表性并减小其质量的准备工作。

2. 筛分

煤样破碎后要进行筛分。筛分的目的是将未破碎至规定粒度的煤粒分离出来再破碎，从而使煤样全部达到所要求的粒度，增加煤样的分散度以降低制样误差。

3. 混合

煤样的混合是根据规定将煤样混合均匀的过程。混合是堆锥四分法和九点法缩分煤样必需的环节。若用二分器或机械缩分则无须混合工序。

煤样混合的规定：混合煤样时通常采用堆锥法。堆掺工作重复 3 次，即可认为粒度分布均匀，可以进行下一步缩分工序。

4. 缩分

煤样的缩分是保持粒度组成不变，按规定减少煤样数量的过程。

煤样的缩分方法分为人工缩分法（包括堆锥四分法、方格法和九点法）和机械缩分法（包括二分器法、EPS-1/8 型破碎缩分机法、HQ-I 型圆锥式破碎缩分机法等）。

本实验主要对堆锥四分法、方格法及二分器法进行介绍。在介绍这些方法前首先说明缩分后实验煤样的最小质量。煤样的粒度越大，其均匀性和代表性就越差。因此，煤样粒度越大，要保证煤样的代表性所需的质量就越大。根据数理统计原理，为保证煤样的代表性，煤样粒度与质量的关系应如表 2-1 所示。

表 2-1　缩分后总煤样最小质量

标称最大粒度 /mm	一般煤样和共用煤样 最小质量/kg	全水分煤样 最小质量/kg	粒度分析煤样最小质量/kg	
			精密度为 1%	精密度为 2%
150	2600	500	6750	1700
100	1025	190	2215	570
80	565	105	1070	275
50	170	35	280	70
25	40	8	36	9
13	15	3	5	1.25
6	3.75	1.25	0.65	0.25
3	0.7	0.65	0.25	0.25
1	0.1	—	—	—

注：标称最大粒度是指与筛上物累计质量分数最接近（但不大于）5%的筛子相应的筛孔尺寸。

（1）堆锥四分法：堆锥四分法是一种比较方便的方法，其操作过程如图 2-1 所示。

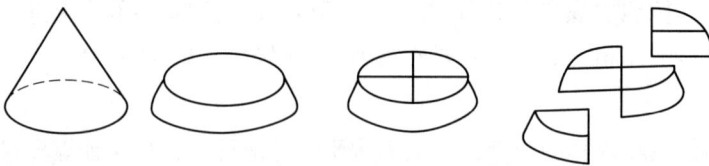

图 2-1　堆锥四分法

为保证缩分精密度，堆锥时，应将煤样分成若干小份，分别从样堆顶部撒下，使之从顶到底、从中心到外缘形成有规律的粒度分布，并至少倒堆 3 次。摊饼时，应从上到下逐渐拍平或摊平成厚度适当的扁平体。分样时，用缩分板将扁平体从顶部到底部"十字"均匀等分成四个扇形体。将相对的两个扇形体舍弃，另两个扇形体留下继续重复上述混合及缩分步骤。

堆锥四分法应用范围广泛、操作简单且对工具要求低，但由于存在颗粒离析现象[1]，人为操作因素影响大，操作不当会产生较大误差。通常在工具要求低、煤样品种复杂、煤样不潮湿的情况下使用该缩分方法。

（2）方格法：方格法又称棋盘法（见图 2-2），是将煤样反复混合 3 次后铺成厚度不大于煤样标称最大粒度 3 倍且均匀的长方体，沿长、宽各画几条正交的平行线，将煤样分成多个方格区。缩分取样时，在每个格区内各取一小部分煤样，最后合并构成实验煤样。各点所取的质量应大体相等，每点所取的质量依所需样量而定。

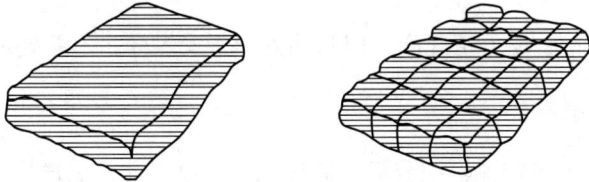

图 2-2 方格法

为了保证取样的准确性，必须做到以下几点：一是方格要画均匀；二是每格取样量要大致相等；三是每铲都要铲到底。

方格法操作简单，但误差大，取样准确性不易保证，一般用于粒度在 5 mm 以下的细粒煤样缩分。由于可同时分出多个小份煤样，方格法常用于取化学分析煤样和浮选煤样。对于外在水分较高、堆锥时难以分散的煤样，也常用方格法缩分。

（3）二分器法：二分器法是一种简单的机械缩分法。二分器结构示意图如图 2-3 所示，它由两组相对交叉排列的格槽及接收器组成。

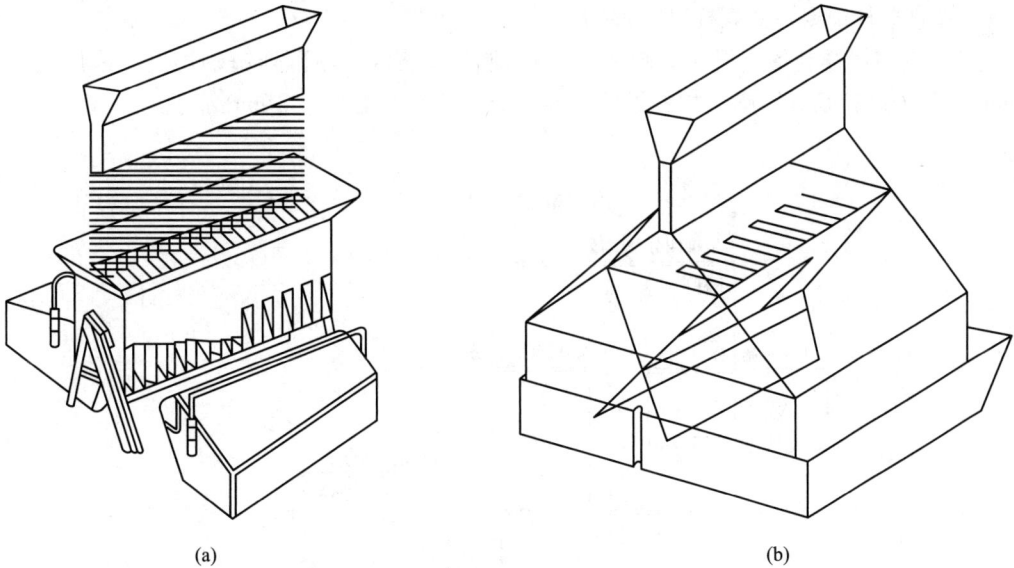

(a) (b)

图 2-3 二分器结构示意图

（a）敞开型；（b）封闭型

---

[1] 颗粒离析现象是指混合物料中，颗粒由于物性相同发生聚集进而引起物料相互分离的现象。

　　两侧格槽数相等，每侧至少 8 个。格槽开口尺寸至少为煤样标称最大粒度的 3 倍，但不能小于 5 mm。格槽对水平面的倾斜度至少为 60°。为防止粉煤和水分损失，接收器与二分器主体应配合严密，最好是封闭型。

　　使用二分器缩分煤样，缩分前可不混合。缩分时，应使煤样呈柱状沿二分器长度方向来回摆动供入格槽。供料要均匀并控制供料速度，勿使煤样集中于某一端，防止发生格槽阻塞。

　　当缩分需分几步或几次通过二分器时，各步或各次通过后，应交替从两侧接收器中收取留样。

　　二分器法操作简单、缩分精度高，但只能处理干燥煤样，不能处理水分过大的煤样。

三、仪器设备与材料

　　（1）取样铲，小型砸样锤，缩分板，制样毛刷，物料盆，试样袋。

　　（2）标准套筛：直径为 200 mm 且孔径为 3 mm、0.25 mm、0.074 mm 的筛子，筛底，筛盖。托盘天平 1 台（量程为 200~500 g，感量为 0.1 g），二分器。

　　（3）0.5~6 mm 散体矿样若干（煤、石英砂、磁铁粉均可，约 1 kg/组）。

　　（4）制样机，拍击式振筛仪。

四、实验步骤

　　（1）首先确定标称最大粒度为 3 mm 所需要的一般煤样最小质量（查表 2-1）。本实验取煤样约 700 g。

　　（2）从总煤样中均匀取出大于步骤（1）所计算出的最小质量要求的煤样，一般应取整数。注意取样前要对总煤样进行混匀。

　　（3）按照煤样制备流程（见图 2-4）进行制样。将煤样用砸样锤砸均匀，采用孔径为 3 mm 的筛子进行筛分，筛上物料返回再砸，直至所有样品均过 3 mm 筛子。

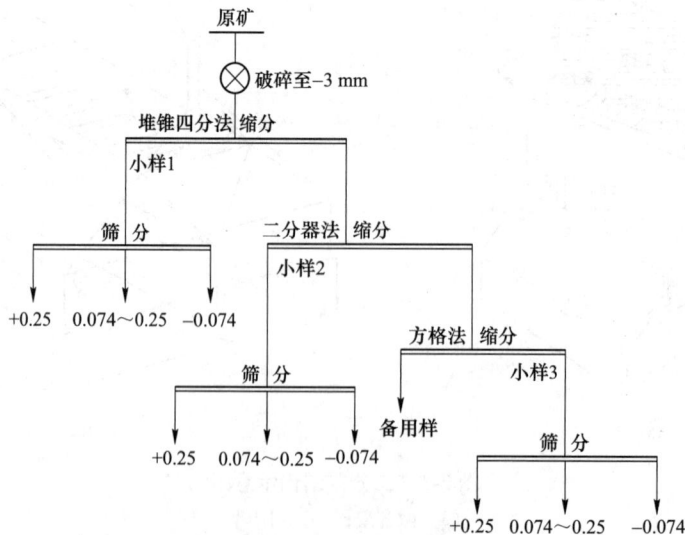

图 2-4　煤样制备流程

（4）将煤样混匀至少 3 次，然后分别按照堆锥四分法、二分器法和方格法取煤样100 g 左右。

（5）将每种煤样采用孔径分别为 0.25 mm 和 0.074 mm 的筛子进行筛分。为了加快筛分过程，可使用拍击式振筛仪进行筛分。

（6）筛完后，逐级称重、记录，将各粒级产物缩分，用制样机制成化验样，装入试样袋进行化验分析。

（7）关闭电源，整理仪器及实验场所。

五、实验中注意事项

（1）实验过程中物料一定要混合均匀。
（2）严格按照各种缩分方法的操作规范进行缩分物料，同时注意各种方法的适用范围。

六、数据处理

将实验数据和计算结果填入表 2-2 中。

表 2-2　煤样制备实验结果记录表

粒度 /mm	总煤样筛分			堆锥四分法			二分器法			方格法		
	质量/g	产率/%	灰分/%	质量/g	产率/%	灰分/%	质量/g	产率/%	灰分/%	质量/g	产率/%	灰分/%
+0.25												
0.074~0.25												
-0.074												
合计												
误差分析												

误差分析：筛分前煤样质量与筛分后各粒级产物质量之和的差值，不能超过筛分前煤样质量的 1.0%，否则实验应重新进行。

计算各粒级产物的产率，对比各缩分煤样的总灰分，比较误差大小，并找出可能的原因。

七、实验报告

（1）简述实验目的和原理。在报告中叙述缩分制样的重要性、制样流程、几种常用缩分方法、实验数据记录、误差分析及数据分析。
（2）完成思考题及实验小结。

八、思考题

（1）影响煤样代表性的因素有哪些？实验过程中应如何减小这些因素的影响？
（2）简述堆锥四分法、二分器法和方格法各自的优缺点及适用范围。
（3）查阅文献了解矿浆是如何缩分的，以及如何保证缩分样品的代表性。

实验 2-2　细粒物料粒度组成筛分实验

一、实验要求

（1）学习使用振筛仪对物料进行湿法筛分和干法筛分。

（2）通过实验掌握各粒级产率及累计产率的计算方法，从而确定物料的粒度特性。

（3）学习利用筛分实验结果进行粒度特性曲线分析。

二、基本原理

（一）筛分的目的和意义

煤的筛分实验是测定煤样粒度组成和各粒级质量的一种基本方法。通过筛分实验，可了解煤的粒度组成和各粒级产物的特征（包括灰分、水分、挥发分、硫分、发热量等）。

筛分实验一般分为大筛分实验和小筛分实验两种。对粒度大于 0.5 mm 的煤炭进行的筛分实验称为大筛分实验。对粒度小于 0.5 mm 的煤炭进行的筛分实验称为小筛分实验。

筛分实验根据《煤炭筛分试验方法》（GB/T 477—2008）制定。

（二）筛分过程物料的行为特征

松散物料的筛分过程主要包括两个阶段：一是易于穿过筛孔的颗粒穿过不能穿过筛孔的颗粒所组成的物料层到达筛面；二是到达筛面的颗粒透过筛孔。要实现上述两个阶段，物料在筛面上应具有适当的相对运动。一方面，物料和筛子的相对运动促使筛面上的物料层处于松散状态，从而使物料层可按粒度分层，大颗粒位于上层，小颗粒位于下层，易于到达筛面并透过筛孔；另一方面，物料和筛子的相对运动促使堵在筛孔上的颗粒脱离筛面，有利于其他颗粒透过筛孔。

根据概率理论可以证明：筛分实验中小于 3/4 筛孔尺寸的颗粒，很快透过筛孔进入筛下（称为易筛粒）；小于筛孔尺寸但大于 3/4 筛孔尺寸的颗粒，越接近筛孔尺寸，透过筛孔所需的时间越长（称为难筛粒）；大于筛孔尺寸的颗粒，不能透过筛孔到达筛下（称为阻碍粒）。

（三）计算公式

通常用筛分效率来衡量筛分效果，其计算公式如下：

$$E = \frac{\beta(\alpha - \theta)}{\alpha(\beta - \theta)} \tag{2-1}$$

式中　E——筛分效率，%；

　　　α——入料中小于规定粒度的细粒含量，%；

　　　β——筛下物中小于规定粒度的细粒含量，%；

　　　θ——筛上物中小于规定粒度的细粒含量，%。

筛孔尺寸与筛下产品最大粒度的关系如下：

$$d_{最大} = KD \tag{2-2}$$

式中　$d_{最大}$——筛下产品最大粒度，mm；

　　　D——筛孔尺寸，mm；

　　　K——形状系数（见表 2-3）。

表 2-3　**K 值表**

孔形	圆形	正方形	长方形
K	0.7	0.9	1.2~1.7

三、仪器设备与材料

（1）湿式振筛仪，拍击式振筛仪（见图 2-5）。

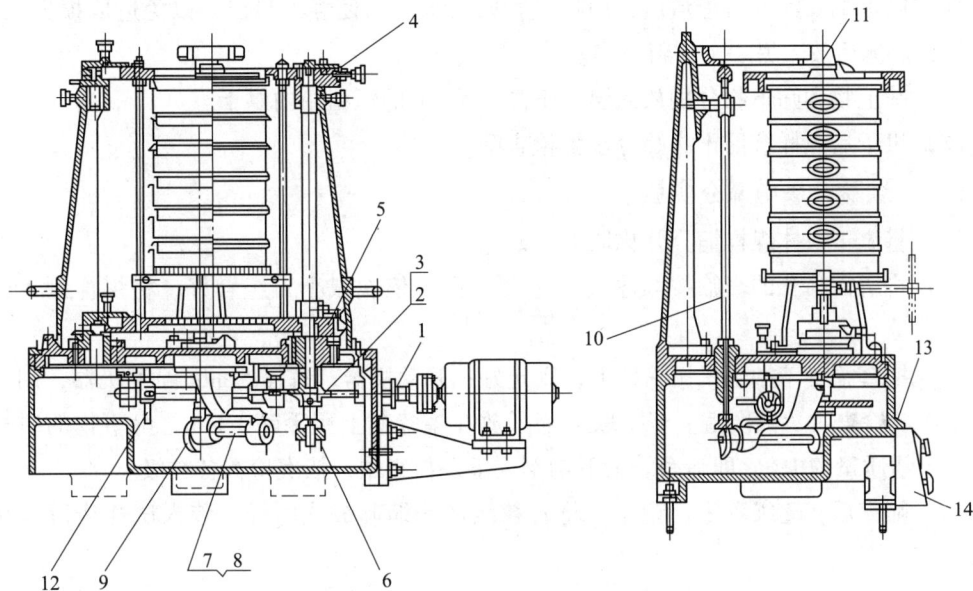

图 2-5　拍击式振筛仪示意图

1—传动主轴；2，6—小斜齿轮；3，8—大斜齿轮；4—上偏心轮；5—下偏心轮；7—凸轮轴；
9—凸轮；10—跳动杆；11—锤铁；12—甩油器；13—螺堵；14—自动停车装置

（2）标准套筛：直径为 200 mm 且孔径为 0.5 mm、0.25 mm、0.125 mm、0.074 mm、0.045 mm 的筛子，筛底，筛盖。

（3）托盘天平 1 台（量程为 200~500 g，感量为 0.1 g）。

（4）物料盘，搪瓷盆，洗瓶，玻璃棒，制样铲，毛刷，试样袋等。

（5）-0.5 mm 煤样 300 g/组。

四、实验步骤

（一）仪器设备的使用

（1）学习设备操作规程，熟悉实验系统。

（2）接通电源，打开拍击式振筛仪开关，检查设备运行是否正常，确保实验顺利进行及人机安全。

（二）湿法小筛分实验

（1）将烘干的煤样缩分并称取 100 g，把煤样倒入烧杯中，加入少量清水，用玻璃棒充分搅拌使煤样完全润湿。

（2）将孔径最小的筛子（0.045 mm）固定在湿式振筛仪上，湿式振筛仪上放置一搪瓷盆，调整盆的高度及加水的液面，使筛面及以上 1/3 没入水中。

（3）煤样润湿后，倒入筛面，开动湿式振筛仪。

（4）尽量在第一个盆中筛净，然后换第二盆水，依次筛分至水清为止。

（5）筛完后，筛上物倒入物料盘中，用清水冲洗粘在筛子上的筛上物。

（6）筛下的煤泥水待澄清后，用虹吸管取清水（勿使煤泥吸出，以免造成损失），沉淀的煤泥过滤后放入另一个物料盘内。

（7）筛上物和筛下物分别放入温度不高于 75 ℃ 的恒温箱内烘干。

（8）烘干后煤样按照干法筛分步骤检查筛分。

（三）煤粉干法小筛分实验

（1）将烘干散体煤样缩分并称取 100 g。

（2）将所需筛孔的套筛按顺序（从上到下筛孔依次减小）组合好，将煤样倒入最上层套筛。

（3）把套筛置于拍击式振筛仪上，固定好；开动机器，每隔 5 min 停下机器，用手筛检查一次。检查时，依次由上至下取下筛子放在搪瓷盆上用手筛 1 min，筛下物的质量不超过筛上物质量的 1%，即筛净。筛下物倒入下一粒级中，依次检查各粒级。

（4）筛完后，逐级称重、记录，将各粒级产物缩制成化验样，装入试样袋进行化验分析。

（5）关闭总电源，整理仪器及实验场所。

五、实验中注意事项

（1）干法筛分时，筛子应按筛孔从上至下依次减小顺序排列，不得错位。

（2）使用拍击式振筛仪时，筛盖一定拧紧压实，筛分过程中不得松动，避免物料损失。

（3）如果使用的拍击式振筛仪有定时功能，务必振筛结束后先将定时旋钮归位，再拿下筛子称重。

（4）湿法筛分时，不能让盆中水没过筛框，湿式振筛仪激振力也不要过大，以免大粒度物料混入筛下产品中。

六、数据处理

（1）将实验数据填入表 2-4 中，并进行相应计算。

表 2-4　细粒物料粒度组成筛分实验结果记录表

煤样名称：_____；煤样质量：_____ g；煤样灰分：_____%

粒度 /mm	质量 /g	产率 /%	灰分 /%	正累计		负累计	
				产率/%	灰分/%	产率/%	灰分/%
+0.500							
0.250~0.500							
0.125~0.250							
0.074~0.125							
0.045~0.074							
-0.045							
合计							
误差分析							

（2）误差分析：筛分前煤样质量与筛分后各粒级产物质量之和的差值，不得超过筛分前煤样质量的 1.0%，否则实验应重新进行。

关于灰分误差分析，煤样灰分小于 20% 时，相对误差不得超过 5%，即

$$\left| \frac{A_d - \overline{A}_d}{A_d} \right| \times 100\% \leqslant 5\% \tag{2-3}$$

煤样灰分大于或等于 20% 时，绝对误差不得超过 1%，即

$$\left| A_d - \overline{A}_d \right| \leqslant 1\% \tag{2-4}$$

式中　A_d——筛分前煤样灰分，%；

$\overline{A}_d$——筛分后各粒级产物的加权平均灰分，%。

（3）计算各粒级产物的产率及累计产率。

七、实验报告

（1）简述实验目的和原理。在报告中叙述实验过程和实验数据的计算过程，并进行误差分析。

（2）绘制粒度特性曲线：直角坐标（累计产率为纵坐标，粒度为横坐标）、半对数坐标（累计产率为纵坐标，粒度的对数为横坐标）、全对数坐标（累计产率的对数为纵坐标，粒度的对数为横坐标）。

（3）分析煤样的粒度分布特性。

（4）在粒度特性曲线上查出累计产率为 75% 对应的粒度。

（5）完成思考题及实验小结。

八、思考题

（1）影响筛分效果的因素有哪些？细粒物料湿法筛分与干法筛分的效率有何差别？

（2）如何根据累计粒度特性曲线的几何形状对粒度组成特性进行大致的判断？

（3）举出几种其他的微细物料粒度分析方法，并说明其基本原理和优缺点。

实验 2-3　破碎机产品粒度组成测定实验

一、实验要求

（1）掌握破碎机工作原理及原煤破碎实验步骤。

（2）了解不同类型破碎机的优缺点、适用范围及排矿粒度调节方法。

二、基本原理

破碎机的分类和适用范围见表 2-5。

表 2-5　破碎机的分类和适用范围

序号	类型	特　点	适用范围
1	颚式破碎机	主要形式有双肘简单摆动和复杂摆动两种	能破碎各种硬度岩石，广泛用作各型砂石加工系统的粗碎设备。小型颚式破碎机亦可用作中碎设备
		优点：结构简单，工作可靠，外型尺寸小，自重较轻，配置高度低，进料口尺寸大，排料口开度容易调整，价格便宜	
		缺点：衬板容易磨损，产品中针片状含量较高，处理能力较低，一般需配置给料设备	
2	旋回破碎机	一般有重型和轻型两类，其动锥的支承方式又分普通型和液压型两种	重型适于破碎各种硬度岩石，轻型适于破碎中硬以下岩石。一般用作大型砂石加工系统的粗碎设备，小型机亦可作为中碎设备
		优点：处理能力大，产品粒形好，单位产品能耗低，大中型机可挤满给料，无需配备给料机	
		缺点：结构复杂，外型尺寸大，机体高，自重大，维修复杂，土建工程量大，价格昂贵，允许进料尺寸小，大中型机要设排料缓冲料仓	
3	圆锥破碎机	有标准、中型、短头三种破碎腔，弹簧和液压两种支承方式	适用于各种硬度岩石，是各型砂石系统中最常用的中碎、细碎设备
		优点：工作可靠，磨损轻，扬尘少，不易过粉碎	
		缺点：结构和维修都复杂，机体高，价格昂贵	
4	反击式破碎机	有单转子和双转子，单转子又有可逆式和不可逆式，双转子则有同向和异向转动等型式。砂石加工系统常用单转子不可逆式破碎机	适用于破碎中硬岩石，用作中碎和制砂设备，目前有些大型设备也可用于粗碎
		优点：破碎比大，产品细，粒形好，产量高，能耗低，结构简单	
		缺点：板锤和衬板容易磨损，更换和维修工作量大，扬尘严重，不宜破碎塑性和黏性物料	
5	锤式破碎机	有单转子、双转子，可逆式和不可逆式，锤式铰接和固定式，单排、双排和多排圆盘等型式。砂石系统常用的是单转子、铰接、多排圆盘的锤式破碎机	适用于破碎中硬岩石，一般用于小型砂石系统细碎，用于制砂，目前已淘汰
		优点：破碎比大，产品细，粒形好，产量高	
		缺点：锤头易破损，更换维修量大，扬尘严重，不适于破碎含水率在 12% 以上和黏性的物料	

破碎机一般用于处理较大块的物料，产品粒度较粗，通常大于 8 mm。其构造特征是

破碎件之间有一定间隙，不互相接触。破碎机可分为粗碎机、中碎机和细碎机。根据破碎方式、机械的构造特征（工作原理）来划分，破碎机大体上可分为以下几类：（1）颚式破碎机。其破碎作用是靠可动颚板周期性地压向固定颚板，将夹在其中的矿块压碎。（2）圆锥破碎机。矿块处于内外两圆锥之间，外圆锥固定，内圆锥做偏心摆动，将夹在其中的矿块压碎或折断。（3）辊式破碎机。矿块在两个相向旋转的圆辊夹缝中，主要受到连续的压碎作用，但也带有磨剥作用，齿形辊面还有劈碎作用。（4）冲击式破碎机。矿块受到快速回转的运动部件的冲击作用而被击碎。属于这一类的又可分为锤碎机、笼式破碎机、反击式破碎机。各类破碎机有不同的规格，不同的使用范围。目前，选厂粗碎多用颚式破碎机或旋回圆锥破碎机；中碎采用标准型圆锥破碎机；细碎采用短头型圆锥破碎机。本次实验采用颚式破碎机，如图 2-6 所示。

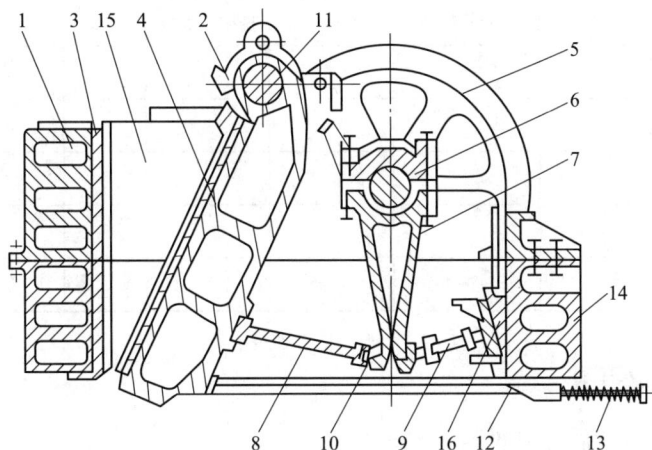

图 2-6　简单摆动颚式破碎机

1—固定颚板；2—可动颚板；3，4—破碎齿板；5—飞轮；6—偏心轴；7—连杆；8—前肘板；9—后肘板；
10—肘板支座；11—悬挂轴；12—水平拉杆；13—弹簧；14—机架；15—破碎腔侧面肘板；16—楔块

三、仪器设备与材料

（1）颚式破碎机 1 台，铅块若干，卡钳 1 把，直尺 1 把，实验用筛 1 套，天平，磅秤等。

（2）所需材料：矿石或煤样。

四、实验步骤

（1）对样品进行筛分分析，并将结果填在记录表 2-6 中。

（2）观测所用的颚式破碎机的构造，认清它的重要部件和作用，用手盘动该颚式破碎机，检查是否能顺利运转。调整排料口宽度，设定一个固定值。单次实验结束后，重新调整排料口，再次进行实验。

（3）开动颚式破碎机，运转数分钟后，将铅块丢入，用卡钳及直尺测压扁了的铅块厚度，即得排矿口宽度。测完排矿口宽度，然后开始给矿，并收集破碎后的产品。

（4）破碎开始后，给矿腔不要超过 2/3，防止矿石飞出。破碎过程较慢，不能使用手或其他工具伸入给矿腔压迫入料，防止发生意外。实验结束后，停止破碎机，并关闭电源，打扫实验场所。

（5）对颚式破碎机的产品进行筛分分析，并填在记录表 2-6 中；从整理好的记录中得出最大粒度、残余粒质量分数、破碎比。

表 2-6　破碎实验结果记录表

破碎机名称：_____；排矿口宽度：_____；矿石名称：_____；给矿最大块：_____ mm；
产品最大块：_____ mm；破碎比：_____；残余粒质量分数：_____%

给矿筛分分析				产品筛分分析				
筛孔宽度 /mm	质量 /kg	质量分数 /%	筛下物累计 质量分数/%	筛孔宽度 /mm	筛孔宽度 排矿口宽度	质量 /kg	质量分数 /%	筛下物累计 质量分数/%
合计								

五、实验中注意事项

（1）机器正常运转后方可投料。

（2）严禁在设备运转时进行清理、矫正、修整工作。

（3）使用中若有卡塞停机现象，必须立即切断电源，报告老师，将料清理后方可继续使用。

（4）保持卫生清洁，每次使用后应及时将机器擦拭干净。

六、数据处理

将得到的数据在算术坐标纸上绘出给矿和产品的"筛孔宽度-筛下物累计质量分数"和产品的"筛孔宽度/排矿口宽度-筛下物累计质量分数"两种曲线，并绘出筛分分析曲线。

在 lg-lg 坐标纸上绘出产品的"筛孔宽度-筛下物累计质量分数"曲线，如果近似直线，找出直线方程式中的参数。

七、实验报告

（1）简述破碎机的分类及其适用范围，比较各破碎机的优缺点。

（2）画出颚式破碎机的结构示意图，简述其工作原理。

（3）完成思考题及实验小结。

八、思考题

（1）破碎比有几种？实验中采用的是哪一种？

（2）如何根据粒度特性曲线大致判断物料粒度组成？

（3）分析实验中误差的主要来源。

实验 2-4　磨矿细度测定实验

一、实验要求

（1）了解实验室干式棒磨机和湿式球（棒）磨机的基本原理和结构。

（2）学习磨矿细度的概念、测定方法及实际生产意义。

二、基本原理

磨矿细度是指物料小于某一指定粒度（一般为 200 目，即 0.074 mm）的含量。通过磨矿实验来测定磨矿时间与磨矿细度之间的关系，为判断磨至目标细度的磨矿时间提供依据。

将一定数量的平行煤样（或矿样）在所需的磨矿条件下（相同的磨机、相同的介质材料、相同的介质数量和大小、相同的磨机转速），依次进行不同时间的磨矿，然后将每次的磨矿产物用套筛进行筛分，建立磨矿时间与磨矿细度的关系，从而找出将物料磨到目标细度（如按 −0.074 mm 含量计算）所需要的磨矿时间。磨矿细度测定曲线如图 2-7 所示。

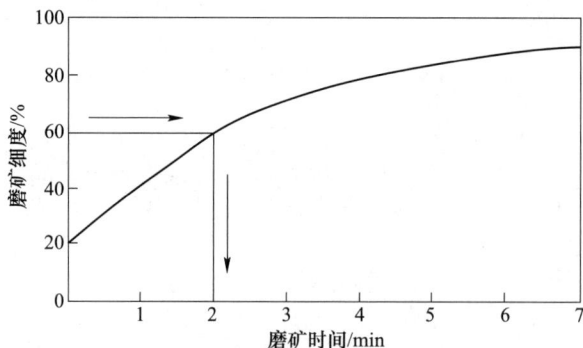

图 2-7　磨矿细度测定曲线

三、仪器设备与材料

（1）仪器：XMB 型三辊四筒棒磨机（见图 2-8），孔径为 0.074 mm 的标准套筛（直径为 200 mm），振筛机，天平。

（2）工具：试样盘（盆），毛刷，试样铲，缩分器，缩分板，秒表，试样袋，卷尺。

（3）材料：0.5~3 mm 煤样或矿样。

四、实验步骤

（1）熟悉设备的操作规程，认识三辊四筒棒磨机的组成机构；掌握如何装料、出料，了解操作过程中的注意事项，减少实验误差。

（2）检查所用磨矿设备是否运转正常，确保实验过程顺利进行和人机安全。

（3）缩制 3 份平行样（烘干样），每份 100 g 待用。

（4）依次将每份试样装入磨机，并装入钢棒，进行磨碎，磨矿时间分别为 t_1，t_2，t_3，…

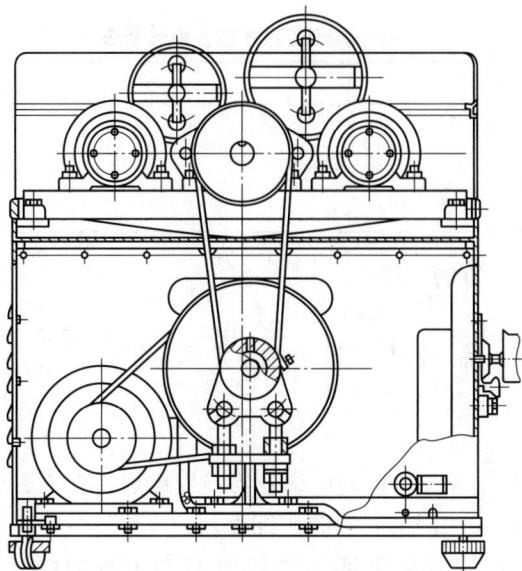

图 2-8 XMB 型三辊四筒棒磨机示意图

（一般建议确定为 8 min、12 min 和 20 min）。

（5）将磨矿产品全部清理收集，用标准套筛筛分。

（6）对每一粒级进行称重，记录相关数据。

（7）清理实验设备，整理实验场所。

五、实验中注意事项

（1）实验过程应保证每次磨矿入料的性质（入料粒度组成、物料类型等）相同。

（2）实验过程应保证每次磨矿的条件（同一台球磨机、转动速度、钢棒数量、钢棒直径）相同。

（3）每次磨矿结束应将磨矿机清理干净，磨矿产品全部进行筛分。

六、数据处理

（1）将实验数据和计算结果分别填入表 2-7、表 2-8 中。

表 2-7 磨碎实验数据记录表

样品名称：_____；样品粒度范围：_____

粒级/mm	磨矿时间/min					
	质量/g	产率/%	质量/g	产率/%	质量/g	产率/%
+0.074						
−0.074						
合计						

工况条件：内部滚筒尺寸 ϕ _____；磨棒尺寸_____；磨棒根数_____。

表 2-8　磨碎实验数据误差分析表

磨矿时间/min			
磨矿后各粒级质量之和/g			
入料质量/g			
误差			

（2）按照式（2-5）计算磨矿细度 f:

$$f = \frac{\text{筛下产品质量}}{\text{筛下产品质量} + \text{筛上产品质量}} \times 100\% \qquad (2-5)$$

七、实验报告

（1）简述实验目的和原理，分析磨矿细度与粒度组成，在报告中叙述实验过程。

（2）计算不同时间下 -0.074 mm 的磨矿细度。

（3）绘制 -0.074 mm 的磨矿细度与磨矿时间的关系曲线，获得该煤样磨矿细度（-0.074 mm）测定曲线。

（4）从绘制的曲线图中找出新生成的细度 -200 目（-0.074 mm）为 60% 的磨矿时间。

（5）完成思考题及实验小结。

八、思考题

（1）本实验过程中，如何保证各次磨矿结果的可比性？

（2）简述闭路磨矿和开路磨矿的概念及两种磨矿方式的特点。

（3）影响磨矿效果的因素有哪些？

（4）分析实验中误差的主要来源。

实验 2-5 磨 矿 实 验

一、实验要求

（1）学会使用实验室小型球磨机，掌握磨矿处理的一般过程。

（2）理解磨矿产品细度与磨矿时间的关系。

二、基本原理

在磨矿过程中，磨矿机以一定的转速旋转，处在筒体内的研磨介质由于旋转时产生离心力，致使它与筒体之间产生一定的摩擦力。摩擦力使研磨介质随着筒体旋转，并到达一定的高度。当研磨介质的自身重力（实际上是重力的向心分力）大于离心力时，研磨介质就脱离筒体抛射下落，从而击碎矿石。同时，在磨矿机转动过程中，研磨介质还会产生滑动现象，对矿石产生研磨作用。因此，矿石在研磨介质产生的冲击力和研磨力联合作用下得到粉碎，如图 2-9 所示。

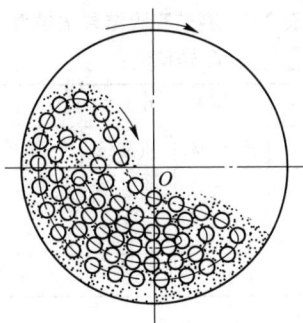

图 2-9 磨矿机对矿石的磨矿作用

三、仪器设备与材料

（1）球磨机 1 台。

（2）不大于 2 mm 原煤煤样 2 kg。

（3）托盘天平（量程为 4 kg，精度为 10 g）。

（4）集样槽 1 个。

四、实验步骤

（1）检查安装在磨机箱体内的钢球体是否设置好，数量是否合适。

（2）称取 1 kg 破碎后 2 mm 煤样，装入磨机箱体。

（3）关闭箱盖。注意清理箱盖密封圈四周煤样以保证箱体密封性。顺时针拧紧固定钢条。

（4）顺时针旋转磨机侧面固定齿轮，将箱体固定住。

（5）检查好球磨机周围有无障碍物并消除。

（6）检查无误后，接通电源，开始计时。

（7）到达球磨时间 t_1 后，切断电源，松开磨机机体，静置 3～5 min 后，打开磨机机盖。

（8）翻转磨机箱体，将钢球及煤样倒入集样槽内。分离钢球，收集煤样。

（9）重复（1）~（8），修改（7）的磨矿时间为 t_2。

五、实验中注意事项

（1）球磨机启动时，周围不准站人并保证周围无障碍物。

（2）运行中要注意电流变化，注意检查筒体是否漏煤，注意观察电机及主轴温度（60 ℃以下）。

（3）卸料时注意安全，谨防球体跌落。

（4）实验完毕后清理实验现场，保持环境卫生。

六、数据处理

将实验结果填入表 2-9 中。

表 2-9　磨矿实验结果记录表

煤样名称：_____；煤样质量：_____；煤样粒度：_____

磨矿时间 /min	+0.5 mm		0.25~0.5 mm		0.125~0.25 mm		0.074~0.125 mm		−0.074 mm	
	质量/g	产率/%	质量/g	产率/%	质量/g	产率/%	质量/g	产率/%	质量/g	产率/%
t_1										
t_2										
⋮										

七、实验报告

（1）根据表 2-9 分析磨矿时间对产品粒度的影响。

（2）完成思考题及实验小结。

八、思考题

（1）影响磨矿效果的主要因素有哪些?

（2）分析实验中误差的主要来源。

实验 2-6　煤炭水分测定实验

一、实验要求

（1）学习和掌握测定煤样水分的各种方法及原理。

（2）了解干燥箱的结构及操作过程。

二、基本原理

水分是煤中的重要组成部分，是评价煤炭质量的重要指标。煤中的水分可分为游离水和化合水。游离水是指与煤呈物理态结合的水，它吸附在煤的外表面和内部孔隙中。因此，煤的颗粒越细、内部孔隙越发达，煤中吸附的水分就越高。煤中的游离水可分为两类，即在常温的大气中易失去的水分和不易失去的水分。前者吸附在煤粒的外表面和较大的孔隙中，称为外在水分，用 M_f 表示；后者则存在于较小的孔隙中，称为内在水分，用 M_{inh} 表示。煤的内在水分和外在水分的质量之和就是煤的全水分，用 M_t 或 M_{ar} 表示；它们的关系可用式（2-6）表示：

$$M_{ar} = \frac{100\% - M_f}{100\%} M_{inh} + M_f \tag{2-6}$$

煤质分析时煤炭组成有两种划分法，其中一种是将煤划分为有机质（用挥发分 V、固定碳 FC 或 C、H、O、N 和 S）和无机质（水分 M、矿物质 MM），部分不同基准的含义如下（A 为灰分）：

（1）空气干燥基 ad（旧称分析基）：$M_{ad} + A_{ad} + V_{ad} + FC_{ad} = 100\%$。

（2）干燥基 d（旧称干基）：$A_d + V_d + FC_d = 100\%$。

（3）干燥无灰基 daf（旧称可燃基）：$V_{daf} + FC_{daf} = 100\%$。

煤质分析测定时，煤样通常都处于空气干燥状态，以此煤样测得的结果，就是以空气干燥煤样的质量为基准的。但空气干燥基的数据往往不能正确反映指标的本质，需要换算到其他基准表示的数据，用 X 代表 A、V、FC、C、H、O、N、S 等具体的指标，部分基准换算公式如下：

（1）ad—d：

$$X_d = X_{ad} \frac{100\%}{100\% - M_{ad}} \tag{2-7}$$

（2）ad—daf：

$$X_{daf} = X_{ad} \frac{100\%}{100\% - M_{ad} - A_{ad}} \tag{2-8}$$

（3）d—daf：

$$X_{daf} = X_d \frac{100\%}{100\% - A_d} \tag{2-9}$$

GB/T 212—2008 规定煤中水分的测定方法有三种，即通氮干燥法、空气干燥法和微波干燥法。通氮干燥法适用于所有煤种，空气干燥法适用于烟煤和无烟煤，微波干燥法适用于褐煤和烟煤水分快速测定。本实验介绍空气干燥法测定一般分析实验煤样的水分，其他方法参考 GB/T 212—2008。

空气干燥法操作要点：称取 1 g 实验煤样置于称量瓶中，轻摇使煤样平铺，然后在鼓风的干燥箱中于 105~110 ℃ 干燥至恒重，取出称量瓶，在干燥器中冷却至室温，称量后得到煤样的失重，即可计算实验煤样的水分。

三、仪器设备与材料

（1）干燥箱：带自动恒温装置，内有鼓风机，能保持温度在 105~110 ℃。

（2）干燥器：内装变色硅胶干燥剂。

（3）玻璃称量瓶：直径为 40 mm，高度为 25 mm，并带有严密的磨口盖，如图 2-10 所示。

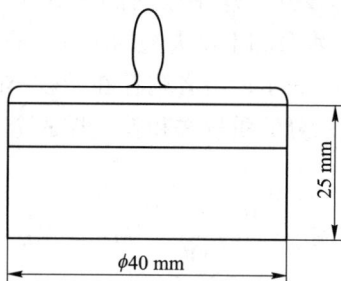

图 2-10　玻璃称量瓶

（4）分析天平：感量为 0.1 mg。

（5）煤样：粒度小于 0.2 mm 的烟煤（或无烟煤）100 g。

四、实验步骤

（1）用预先干燥并称重（称准至 0.0002 g）的玻璃称量瓶称取粒度小于 0.2 mm 的实验煤样（1±0.1）g（称准至 0.0002 g），轻摇称量瓶使煤样摊平。

（2）打开称量瓶盖，将称量瓶放入预先鼓风并加热到 105~110 ℃ 的干燥箱中。在不断鼓风的条件下，烟煤干燥 1 h，无烟煤干燥 1.5 h。

（3）取出称量瓶并立即加盖，放入干燥器中冷却至室温（约 20 min），称重。

（4）检查性干燥。每次返回干燥箱内继续干燥 30 min，直到连续两次质量减少小于 0.0010 g 或质量有所增加，如质量增加，用前一次的质量进行计算。水分低于 2.00% 时不进行检查性干燥。

五、实验中注意事项

（1）预先鼓风是为了使干燥箱内温度均匀；应使干燥箱先鼓风 3~5 min，再放入装有煤样的称量瓶。

（2）称取试样前，应将试样充分混合。

六、数据处理

（1）实验数据记录在表 2-10 中。

表 2-10　空气干燥煤样水分的测定实验数据记录表

煤样种类			
重复测定		第一次	第二次
称量瓶编号			
称量瓶质量/g			
煤样+称量瓶质量/g			
煤样质量/g			
干燥后煤样+称量瓶质量/g			
煤样减轻的质量/g			
检查性干燥后煤样+ 称量瓶质量/g	第一次		
	第二次		
	第三次		
M_{ad} 平均值/%			

（2）结果计算：

$$M_{ad} = \frac{m_1}{m} \times 100\% \qquad (2\text{-}10)$$

式中　M_{ad}——煤样的水分（保留小数点后两位），%；

　　　m——煤样的质量，g；

　　　m_1——煤样干燥后减少的质量，g。

（3）水分测定的精密度如表 2-11 规定。

表 2-11　水分测定结果的重复性限

M_{ad}/%	重复性限/%
≤5.00	0.20
5.00~10.00	0.30
>10.00	0.40

七、实验报告

（1）简述煤炭水分测定实验的目的及意义。

（2）判断测量结果的精密度，完成思考题及实验小结。

八、思考题

为什么从干燥箱中取出称量瓶时要立即盖上盖子？如果不盖上盖子会导致测量水分增加还是减少？

实验 2-7　煤炭灰分测定实验

一、实验要求

（1）学习和掌握灰分的测定方法和原理，了解灰分与煤中矿物质的关系。

（2）掌握马弗炉的结构、工作原理及操作过程。

二、基本原理

GB/T 212—2008 规定了两种测定煤炭灰分的方法，即缓慢灰化法和快速灰化法，其中缓慢灰化法为仲裁方法。

（1）缓慢灰化法：在灰皿中称量 1 g 左右的实验煤样，然后在 815 ℃、空气充足的条件下完全燃烧得到残渣，称量残渣并计算其占煤样质量的百分数，称为煤的灰分（产率），用 A 表示。测定灰分（产率）时用的煤样是粒度小于 0.2 mm 的空气干燥煤样，因此测定结果是空气干燥基的灰分（产率），用 A_{ad} 表示。

（2）快速灰化法：包括两种方法，方法 A 和方法 B。方法 A 是将装有煤样的灰皿放在预先加热至（815±10）℃ 的灰分快速测定仪的传送带上，煤样自动送入仪器内完全灰化，然后送出。以残渣的质量占煤样质量的百分数作为煤样的灰分。方法 B 是将装有煤样的灰皿由炉外逐渐送入预先加热至（815±10）℃ 的马弗炉中灰化并灼烧至质量恒定。以残渣的质量占煤样质量的百分数作为煤样的灰分。

由于空气干燥煤样中的水分随空气湿度的变化而变化，因此灰分的测定值也随之发生变化。但就绝对干燥的煤样而言，其灰分是不变的，所以在实用上，空气干燥基的灰分值只是中间数据，一般还需要换算为干燥基的灰分 A_d。在实际使用中除非特别指明，灰分的表示基准应是干燥基。换算公式如下：

$$A_d = \frac{100\%}{100\% - M_{ad}} \times A_{ad} \qquad (2-11)$$

三、仪器设备与材料

（1）马弗炉（或灰分挥发分测定仪）1 台：炉膛具有足够的恒温区，能保持温度为（815±10）℃。炉后壁的上部带有直径为 26~30 mm 的烟囱，下部离炉膛底 20~30 mm 处有一个插热电偶的小孔，炉门上有一个直径为 20 mm 的通气孔。

（2）灰皿 12 个：瓷质，长方形，底长 45 mm，底宽 22 mm，高 14 mm；上口长 55 mm，宽 25 mm，如图 2-11 所示。

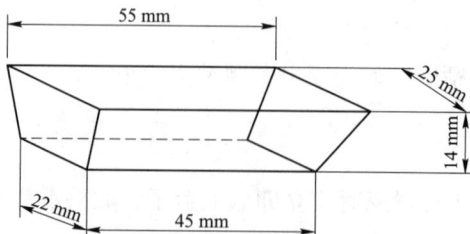

图 2-11　灰皿

（3）干燥器：内装变色硅胶（或无水氯化钙）干燥剂。

（4）分析天平：感量为 0.1 mg。

（5）耐热瓷板或石棉板，灰皿架。

（6）快速灰分测定仪，如图 2-12 所示。

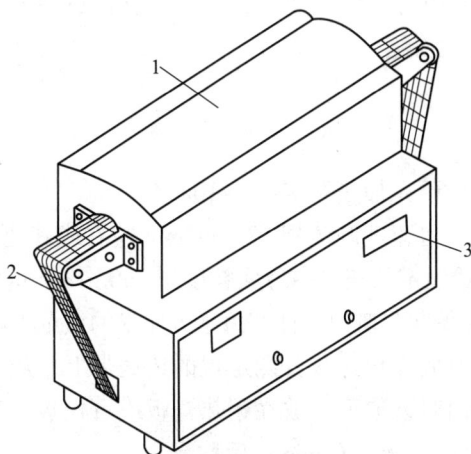

图 2-12　快速灰分测定仪

1—管式电炉；2—传送带；3—控制仪

快速灰分测定仪由马蹄形管式电炉、传送带和控制仪三部分组成，各部分结构如下：

（1）马蹄形管式电炉：炉膛长约 700 mm，底宽约 75 mm，高约 45 mm，两端敞口，轴向倾斜度在 5°左右。其恒温带要求（815±10）℃部分长约 140 mm，750~825 ℃部分长约 270 mm，出口端温度不高于 100 ℃。

（2）链式自动传送装置（简称传送带）：用耐高温金属制成，传送速度可调。在 1000 ℃下不变形，不掉皮。

（3）控制仪：主要包括温度控制装置和传送带传送速度控制装置。温度控制装置能将炉温自动控制在（815±10）℃；传送带传送速度控制装置能将传送速度控制在 15~50 mm/min。

四、实验步骤

（一）缓慢灰化法

（1）为保证灰分测定过程中煤炭燃烧充分，避免煤炭颗粒爆裂，需要将煤样预先粉碎至 0.2 mm 以下。

（2）在已灼烧至质量恒定的灰皿中称取粒度小于 0.2 mm 的实验煤样（1±0.01）g（称准至 0.0002 g），灰皿底部放在手背上，轻摇灰皿使煤样平摊，使其每平方厘米的质量不超过 0.15 g。将称好的灰皿及煤样摆放在灰皿架上。

（3）将灰皿架送入炉温不超过 100 ℃的马弗炉恒温区中，关上炉门并使炉门留有 15 mm 左右的缝隙。在不少于 30 min 的时间内将炉温缓慢升至 500 ℃，并在此温度下保持 30 min。继续升温到（815±10）℃，并在此温度下灼烧 1 h。

（4）从炉中取出装有待测煤样的灰皿架，放在耐热瓷板或石棉板上，在空气中冷却 5 min 左右，将灰皿移入干燥器中冷却至室温（约 20 min）后逐个称量灼烧后灰皿及残渣。

（5）进行检查性灼烧，温度保持在（815±10）℃，每次灼烧 20 min，直到连续两次灼烧后的质量变化不超过 0.0010 g 为止。以最后一次灼烧后的质量为计算依据。灰分低于 15.00%时，不必进行检查性灼烧。

（二）快速灰化法

1. 方法 A

（1）将快速灰分测定仪预先加热至（815±10）℃。

（2）开动传送带并将传送速度调节到 17 mm/min 左右或其他合适的速度。

（3）在预先灼烧至质量恒定的灰皿中称取粒度小于 0.2 mm 的实验煤样（0.5±0.01）g，称准至 0.0002 g，均匀地摊平在灰皿中，使其每平方厘米的质量不超过 0.08 g。

（4）将盛有煤样的灰皿放在快速灰分测定仪的传送带上，灰皿即自动送入炉中。

（5）当灰皿从炉内送出时，取下，放在耐热瓷板或石棉板上，在空气中冷却 5 min 左右，移入干燥器中冷却至室温（约 20 min）后称量。

2. 方法 B

（1）在预先灼烧至质量恒定的灰皿中称取粒度小于 0.2 mm 的实验煤样（1±0.1）g，称准至 0.0002 g，均匀地摊平在灰皿中，使其每平方厘米的质量不超过 0.15 g。将盛有煤样的灰皿预先分排放在耐热瓷板或石棉板上。

（2）将马弗炉加热到 850 ℃，打开炉门，将放有灰皿的耐热瓷板或石棉板缓慢地推入马弗炉中，先使第一排灰皿中的煤样灰化。待 5～10 min 后煤样不再冒烟时，以每分钟不大于 2 cm 的速度把其余各排灰皿按顺序推入炉内炽热部分（若煤样着火发生爆燃，实验应作废）。

（3）关上炉门并使炉门留有 15 mm 左右的缝隙，在（815±10）℃下灼烧 40 min。

（4）从炉中取出灰皿，放在空气中冷却 5 min 左右，移入干燥器中冷却至室温（约 20 min）后，称量。

（5）进行检查性灼烧，温度为（815±10）℃，每次 20 min，直到连续两次灼烧后的质量变化不超过 0.0010 g 为止。以最后一次灼烧后的质量为计算依据。如遇检查性灼烧时结果不稳定，应改用缓慢灰化法重新测定。灰分小于 15.00%时，不必进行检查性灼烧。

五、实验中注意事项

（1）在实验中必须使用同一台分析天平称重，不能在实验过程中随意更换称重仪器。

（2）对于新的灰分快速测定仪，需对不同煤种与缓慢灰化法进行对比试验，根据对比试验结果及煤的灰化情况，调节传送带的传送速度。

六、数据处理

（1）将实验数据记录在表 2-12 中。

表 2-12　煤中灰分测定实验数据记录表

煤样名称		第一次	第二次
重复测定		第一次	第二次
灰皿编号			
灰皿质量/g			
煤样+灰皿质量/g			
煤样质量/g			
灼烧后残渣+灰皿质量/g			
残渣质量/g			
检查性灼烧残渣+灰皿质量/g	第一次		
	第二次		
	第三次		
A_{ad}/%			
平均值/%			

（2）结果计算：

$$A_{ad} = \frac{m_1}{m} \times 100\% \qquad\qquad (2-12)$$

式中　A_{ad}——空气干燥基灰分，%；

　　　m——空气干燥煤样的质量，g；

　　　m_1——灼烧残渣的质量，g。

（3）灰分测定的精密度如表 2-13 所示。

表 2-13　灰分测定的精密度

灰分/%	同一化验室重复性限/%	不同化验室再现性临界差/%
<15.00	0.20	0.30
15.00~30.00	0.30	0.50
>30.00	0.50	0.70

七、实验报告

简述灰分测定的原理及目的，完成数据整理并填入表 2-12 中。

八、思考题

（1）缓慢灰化法为什么要进行分段升温？

（2）为什么马弗炉必须带有烟囱？

（3）影响灰分测定的因素有哪些？如何减少这些因素的干扰？

实验 2-8　煤炭挥发分测定实验

一、实验要求

掌握煤炭挥发分的测定方法，学会运用挥发分和焦渣特征判断煤化程度，初步确定煤的加工利用途径。

二、基本原理

煤在规定条件下隔绝空气加热进行水分校正后的质量损失即为挥发分。去掉挥发分后的残渣叫焦渣。挥发分不是煤中原来固有的挥发性物质，而是煤在严格规定条件下加热时的热分解产物，确切地说，煤中挥发分应叫挥发分产率。煤的挥发分主要由水分、碳氢氧化物和碳氢化合物（CH_4 为主）组成，物理吸附水（包括外在水和内在水）和矿物质生成的二氧化碳不属于挥发分范围。

将一定量的实验煤样放入挥发分坩埚中，在（900 ± 10）℃下隔绝空气加热一定时间，煤样减少的质量占煤样原来质量的百分数，减去该煤样的水分（M_{ad}），就是该煤样的挥发分。

三、仪器设备与材料

（1）挥发分坩埚（如图 2-13 所示）：带有配合严密盖的瓷坩埚。坩埚总质量为 15～20 g。

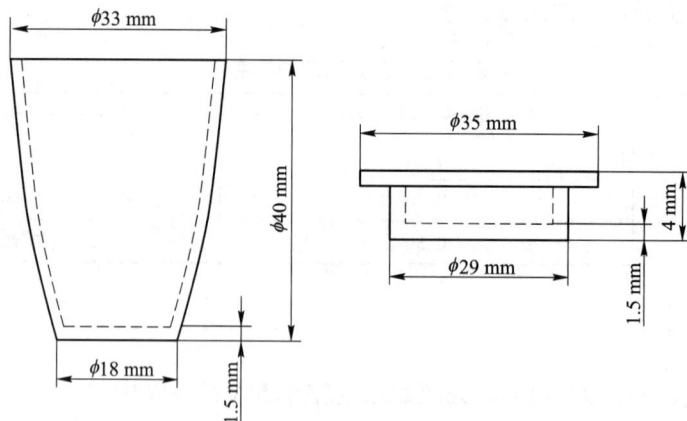

图 2-13　挥发分坩埚

（2）马弗炉：带有高温计和调温装置，能保持温度在（900 ± 10）℃，并有足够的（900 ± 5）℃的恒温区。炉后壁有一个排气孔和一个插热电偶的小孔。

（3）坩埚架（如图 2-14 所示）：用镍铬丝或其他耐热金属丝制成，规格尺寸保证能使坩埚都放入马弗炉恒温区内，并要求放在架上的坩埚底部距炉底 20～30 mm，且使坩埚底部紧邻热电偶热接点上方。

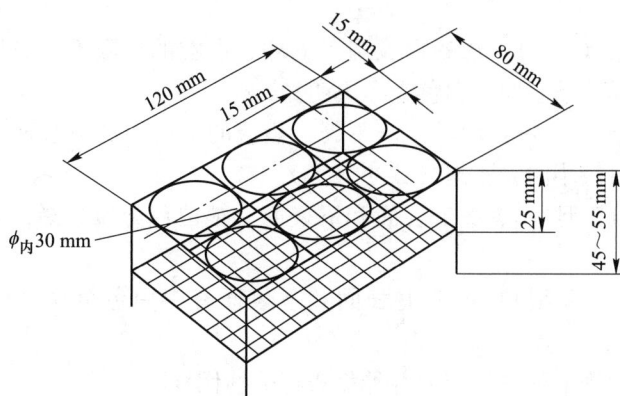

图 2-14　坩埚架

（4）坩埚架夹，如图 2-15 所示。

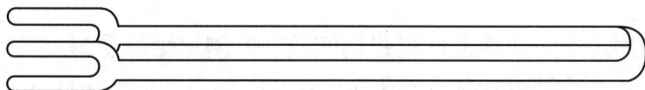

图 2-15　坩埚架夹

（5）分析天平：感量为 0.1 mg。

（6）秒表。

（7）压饼机：能压制直径为 10 mm 的煤饼。

（8）煤样：粒度小于 0.2 mm，100 g。

四、实验步骤

（1）预先在 900 ℃灼烧至质量恒定且已知质量的挥发分坩埚内称取粒度小于 0.2 mm 的实验煤样（1±0.01）g（称准至 0.0002 g），轻振坩埚使煤样摊平，加盖后置于坩埚架上。褐煤和长焰煤要预先压饼，并切成宽度在 3 mm 左右的条状。

（2）将马弗炉预先加热到 920 ℃。打开炉门，迅速将放有坩埚的架子推入马弗炉恒温区，立即开启秒表并关闭炉门，准确加热 7 min。坩埚和坩埚架放入后，要求炉温必须在 3 min 内恢复至（900±10）℃，并保持此温度至实验结束，否则实验作废。7 min 加热时间包括温度恢复时间在内。

（3）7 min 加热结束，迅速由炉中取出坩埚，在空气中冷却 5 min，移入干燥器中冷却至室温（约 20 min），称量。

焦渣特征的鉴定：测定挥发分所得焦渣的特征，按下列规定加以区分。

粉状（1 型）：全部是粉末，没有相互黏着的颗粒。

黏着（2 型）：用手指轻碰即成粉末或基本上是粉末，其中较大的团块轻轻一碰即成粉末。

弱黏结（3 型）：已经成块，用手指轻压即成小块。

不熔融黏结（4 型）：以手指用力压才裂成小块，焦渣上表面无光泽、下表面稍有银白色光泽。

不膨胀熔融黏结（5 型）：焦渣形成扁平的块，煤粒的界限不易分清，焦渣上表面有明显银白色金属光泽、下表面银白色光泽更明显。

微膨胀熔融黏结（6 型）：用手指压不碎，焦渣的上表面和下表面均有银白色金属光泽，但焦渣表面具有较小的膨胀泡（或小气泡）。

膨胀熔融黏结（7 型）：焦渣上表面和下表面有银白色金属光泽，明显膨胀，但高度不超过 15 mm。

强膨胀熔融黏结（8 型）：焦渣上表面和下表面有银白色金属光泽，焦渣高度大于 15 mm。

简便起见，通常用上列序号作为各种焦渣特征的代号。

五、实验中注意事项

（1）测定褐煤和长焰煤的挥发分时，应预先将煤样压成饼，并切成宽约 3 mm 的小块使用。

（2）挥发分的测定是一项规范性很强的实验，其测定结果受测定条件的影响很大，故必须按要求严格掌握，特别是炉温必须在 3 min 内恢复到（900±10）℃，可适当调整预热温度以满足这一要求。

六、数据处理

（1）将实验数据记录于表 2-14 中。

表 2-14　煤的挥发分测定实验数据记录表

煤样名称		
重复测定	第一次	第二次
坩埚编号		
坩埚质量/g		
煤样+坩埚质量/g		
煤样质量/g		
焦渣+坩埚质量/g		
煤样加热后减轻的质量/g		
煤样水分 M_{ad}/%		
V_{ad}/%		
平均值/%		

（2）结果计算：

$$V_{ad} = \frac{m_1}{m} \times 100\% - M_{ad} \tag{2-13}$$

式中　V_{ad}——空气干燥基挥发分，%；

m——煤样的质量，g；

m_1——煤样加热后减轻的质量，g；

M_{ad}——煤样水分,%。

如果煤样的碳酸盐二氧化碳含量大于 2%,干燥无灰基挥发分须做校正。

当 $(CO_2)_{ad} = 2\% \sim 12\%$ 时,

$$V_{daf} = \frac{V_{ad} - (CO_2)_{ad}}{100\% - M_{ad} - A_{ad}} \qquad (2\text{-}14)$$

当 $(CO_2)_{ad} > 12\%$ 时,

$$V_{daf} = \frac{V_{ad} - [(CO_2)_{ad} - (CO_2)_{焦}]}{100\% - M_{ad} - A_{ad}} \times 100\% \qquad (2\text{-}15)$$

式中　$(CO_2)_{ad}$——空气干燥基碳酸盐二氧化碳含量,%;

　　　$(CO_2)_{焦}$——焦渣中二氧化碳对煤样的含量,%;

　　　V_{daf}——干燥无灰基挥发分,%。

(3) 挥发分测定的精密度如表 2-15 所示。

表 2-15　挥发分测定的精密度

挥发分/%	同一化验室重复性限/%	不同化验室再现性临界差/%
<20.00	0.30	0.50
20.00~40.00	0.50	1.00
>40.00	0.80	1.50

(4) 固定碳的计算:煤的固定碳是根据测定的灰分、水分、挥发分,用差减法求得的。

$$FC_{ad} = 100\% - (M'_{ad} + A_{ad} + V_{ad}) \qquad (2\text{-}16)$$

式中　FC_{ad}——空气干燥基固定碳,%;

　　　M'_{ad}——空气干燥基水分,%;

　　　A_{ad}——空气干燥基灰分,%;

　　　V_{ad}——空气干燥基挥发分,%。

七、实验报告

(1) 各实验数据记入对应数据表中并进行计算。

(2) 将空气干燥基挥发分换算成干燥无灰基挥发分及干燥无矿物质基挥发分。

(3) 完成思考题及实验小结。

八、思考题

(1) 煤的挥发分为什么不能称为挥发分含量?

(2) 测定煤的挥发分具有什么意义?

(3) 固定碳与煤中碳元素含量有何区别?

实验 2-9　库仑滴定法测定煤中全硫含量实验

一、实验要求

（1）掌握库仑滴定法测定煤中全硫含量的基本原理、方法和步骤。
（2）观察库仑测硫仪的构造并熟悉其工作原理。
（3）了解硫分的计算及煤炭硫分等级。

二、基本原理

煤中的硫可分为有机硫和无机硫。一般煤中的有机硫含量较低，但组成很复杂，主要由硫醚、二硫化物、硫醇、巯基化合物、噻吩类杂环化合物及硫醌化合物等组分或官能团所构成；无机硫主要以硫铁矿、硫酸盐等形式存在，尤以硫铁矿形式居多。煤炭硫分按表 2-16 划分等级。

表 2-16　煤炭硫分等级划分

序号	级别名称	代号	硫分（$S_{t,d}$）范围/%
1	特低硫煤	SLS	$S_{t,d} \leq 0.50$
2	低硫煤	LS	$0.50 < S_{t,d} \leq 1.00$
3	中硫煤	MS	$1.00 < S_{t,d} \leq 2.00$
4	中高硫煤	MHS	$2.00 < S_{t,d} \leq 3.00$
5	高硫煤	HS	$S_{t,d} > 3.00$

本实验根据 GB/T 214—2007 制定，适用于褐煤、烟煤、无烟煤、焦炭或水煤浆。

煤样在 1150 ℃高温和催化剂作用下，于空气流中燃烧分解，煤中各种形态的硫生成硫氧化物，其中二氧化硫被碘化钾溶液吸收，以电解碘化钾溶液所产生的碘进行滴定，根据电解所消耗的电量计算煤中全硫含量。其反应如下：

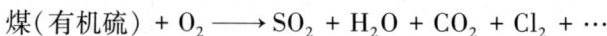

$$煤（有机硫） + O_2 \longrightarrow SO_2 + H_2O + CO_2 + Cl_2 + \cdots$$
$$4FeS_2 + 11O_2 \longrightarrow 2Fe_2O_3 + 8SO_2$$
$$2MSO_4 + O_2 \longrightarrow 2MO + 2SO_2 + 2O_2（M 表示金属元素 Mg、Ca 等）$$
$$2SO_2 + O_2 \rightleftharpoons 2SO_3$$

二氧化硫和少量三氧化硫随空气流进入电解池，与水化合生成亚硫酸和少量硫酸：

$$SO_2 + H_2O \longrightarrow H_2SO_3$$
$$SO_3 + H_2O \longrightarrow H_2SO_4$$

电解液中的碘立即将亚硫酸氧化为硫酸，碘则变为碘离子（I^-），从而使碘-碘化钾电对的电位平衡遭到破坏，仪器则自动电解，使碘离子（I^-）生成碘，以恢复原来的平衡，直至亚硫酸全部被氧化为硫酸（由双铂电极指示终点）。电极反应表示如下：

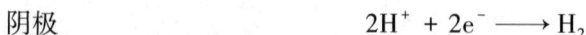

阳极　　　　　　　　$2I^- - 2e^- \longrightarrow I_2$

阴极　　　　　　　　$2H^+ + 2e^- \longrightarrow H_2$

碘氧化亚硫酸的反应为

$$I_2 + H_2SO_3 + H_2O \longrightarrow 2I^- + H_2SO_4 + 2H^+$$

根据电解碘离子生成碘所消耗的电量 q（用小写表示，以与发热量 Q 区分；单位为 C），由法拉第电解定律计算出硫的质量：

$$m_S = \frac{q \times 16 \times 1000 \times f}{96485} \qquad (2\text{-}17)$$

式中　m_S——煤样中硫的质量，mg；

　　　f——校正系数，$f=1.04$。

再根据煤样的质量即可计算出煤中全硫含量。

三、仪器设备与材料

（1）自动库仑测硫仪。主要包括：

管式高温炉：用硅碳棒加热，能加热到 1200 ℃ 以上高温，有不小于 70 mm 长的（1150±10）℃ 高温恒温带，带有铂铑-铂热电偶测温及控温装置，炉内异径燃烧管能耐 1300 ℃ 以上高温。

送样程序控制器：煤样可按规定的程序灵活前进、后退。

磁力搅拌器和电解池：磁力搅拌器的转速为 500 r/min，且连续可调。电解池高 120～180 mm，容量不小于 400 mL，内有面积约为 150 mm² 的铂电解电极对和面积约为 15 mm² 的铂指示电极对。指示电极响应时间小于 1 s。

库仑积分器：电解电流 0～350 mA 范围内积分线性误差应小于 0.1%，配有 4～6 位数字显示器和打印机。

空气供应及净化系统：由电磁泵和净化管组成。供气量约为 1500 mL/min，抽气量约为 1000 mL/min，净化管内装有氢氧化钠及变色硅胶。

图 2-16 给出了自动库仑测硫仪的装置示意。

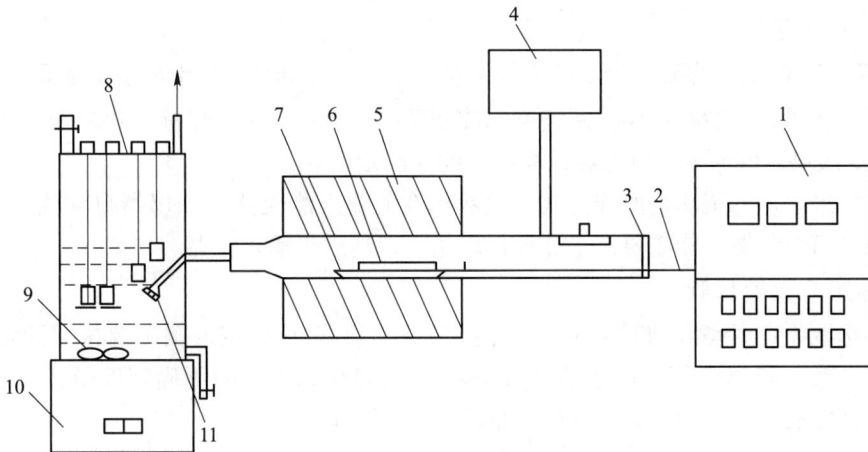

图 2-16　自动库仑测硫仪装置示意图

1—控制仪（送样程序控制器、库仑积分器等）；2—推拉棒；3—石英燃烧管；4—空气供应及净化系统；
5—管式高温炉；6—燃烧舟；7—石英托盘；8—电解池；9—搅拌棒；10—磁力搅拌器；11—气体过滤器

（2）燃烧舟：素瓷或刚玉制品，装样部分长约 60 mm，能耐 1200 ℃ 以上高温。

（3）试剂：三氧化钨、变色硅胶（工业品）、氢氧化钠（化学纯）。

（4）电解液：称取碘化钾、溴化钾各 5.0 g，溶于 250~300 mL 水中并在溶液中加入 10 mL 冰乙酸。

四、实验步骤

（一）实验准备

将管式高温炉升温至 1150 ℃，用另一组铂铑-铂热电偶高温计测定燃烧管中高温带的位置、长度及 500 ℃ 的位置。

调节送样程序控制器，使煤样预分解及高温分解的位置分别处于 500 ℃ 和 1150 ℃ 处。

在燃烧管出口处充填洗净、干燥的玻璃纤维棉；在距出口端 80~100 mm 处充填厚度约为 3 mm 的硅酸铝棉。

将送样程序控制器、管式高温炉、库仑积分器、电解池、磁力搅拌器和空气供应及净化系统组装在一起。燃烧管、活塞及电解池之间连接时应口对口接紧，并用硅橡胶管密封。

开动抽气和供气泵，将抽气流量调节到 1000 mL/min，然后关闭电解池与燃烧管间的活塞，若抽气量能降到 300 mL/min 以下，则证明仪器各部件及各接口气密性良好，可以进行测定；否则检查仪器各个部件及其接口情况。

（二）仪器标定

1. 标定方法

使用有证煤标准物质，按以下方法之一进行测硫仪标定。

（1）多点标定法：用硫含量能覆盖被测样品硫含量范围的至少 3 个有证煤标准物质进行标定。

（2）单点标定法：用与被测样品硫含量相近的煤标准物质进行标定。

2. 标定程序

按 GB/T 212 测定煤标准物质的空气干燥基水分，计算其空气干燥基全硫 $S_{t,ad}$ 标准值。

按测定步骤，用被标定仪器测定煤标准物质的硫含量。每一煤标准物质至少重复测定 3 次，以 3 次测定值的平均值为煤标准物质的硫测定值。

将煤标准物质的硫测定值和空气干燥基标准值输入测硫仪（或仪器自动读取），生成校正系数。有些仪器可能需要人工计算校正系数，然后再输入仪器。

3. 标定有效性核验

另外选取 1~2 个煤标准物质或者其他控制样品，用被标定的测硫仪按照测定步骤测定其全硫含量。若测定值与标准值（控制值）之差在标准值的不确定度范围（控制限）内，说明标定有效，否则应查明原因，重新标定。

（三）测定步骤

（1）将管式高温炉升温并控制在（1150±10）℃。

（2）开动供气泵和抽气泵并将抽气流量调节到 1000 mL/min。在抽气下，将电解液加入电解池内，开动磁力搅拌器。

（3）在燃烧舟中放入少量非测定用的煤样，按（4）所述进行终点电位调整试验。如试验结束后库仑积分器的显示值为 0，应再次测定，直至显示值不为 0。

（4）在燃烧舟中称取粒度小于 0.2 mm 的空气干燥煤样（0.05±0.005）g（称准至 0.0002 g），并在煤样上盖一薄层三氧化钨。将燃烧舟放在送样的石英托盘上，开启送样程序控制器，煤样即自动送进炉内，库仑滴定随即开始。试验结束后，库仑积分器显示出硫的质量或质量分数。

（四）标定检查

仪器测定期间应使用煤标准物质或者其他控制样品定期（建议每 10～15 次测定后）对测硫仪的稳定性和标定的有效性进行核查，如果煤标准物质或者其他控制样品的测定值超出标准值的不确定度范围（控制限），应按上述步骤重新标定仪器，并重新测定自上次检查以来的样品。

五、实验中注意事项

（1）实验结束前，应首先关闭电解池与燃烧管间的活塞，以防电解液流入燃烧管而使燃烧管炸裂。

（2）将电解液加入电解池时，必须开启抽气泵，同时关闭燃烧管和电解池间活塞。

（3）试样称量前，应尽可能将试样混合均匀。

（4）电解液可以重复使用，重复使用的次数视电解液 pH 值而定，pH<1 时需要更换。

六、数据处理

（1）记录每次实验的测量值，按照式（2-18）计算煤中全硫含量：

$$S_{t,ad} = \frac{m_1}{m} \times 100\% \tag{2-18}$$

式中　$S_{t,ad}$——煤样中全硫质量分数，%；

　　　　m_1——库仑测硫仪显示值，mg；

　　　　m——煤样质量，mg。

（2）库仑滴定法测定煤中全硫含量实验的精密度如表 2-17 所示。

表 2-17　煤中全硫含量测定的精密度

$S_{t,ad}$/%	同一化验室重复性限/%	不同化验室再现性临界差/%
<1.50	0.05	0.15
1.50～4.00	0.10	0.25
>4.00	0.20	0.35

七、实验报告

（1）叙述库仑滴定法测定煤中全硫含量的实验目的和过程。

（2）计算本次实验煤样的全硫含量。

（3）判断测量结果精密度，并分析实验过程中的异常现象。

（4）完成思考题及实验小结。

八、思考题

（1）为什么库仑滴定法测定煤中全硫含量不采用纯氧作为载气？

（2）库仑滴定法正式测定前，为什么要加烧废样？

（3）库仑滴定法测硫时，为什么当电解液的 pH<1 时需要更换？

（4）为什么电解液中要加入冰乙酸？

实验 2-10　煤炭发热量测定实验

发热量既是评价煤炭质量的一项重要指标，又是动力煤的主要质量指标。由于煤的燃烧和气化须用发热量计算其热平衡、热效率和耗煤量等，因此发热量也是燃烧设备和气化设备的设计依据之一。通过发热量可以粗略推测煤的许多性质，如变质程度、黏结性、氢含量等。煤炭发热量（恒湿无灰基高位发热量）又是年轻煤的分类指标。本实验根据 GB/T 213—2008 制定，适用于泥炭、煤炭、焦炭等固体矿物燃料。

一、实验要求

（1）掌握煤炭发热量的测定原理。
（2）学习运用恒温式量热仪测定煤炭发热量的方法与步骤。
（3）熟练掌握各项校正计算方法。

二、基本原理

称取一定量煤样放入氧弹中。氧弹充入氧气后浸没在盛水的内筒中，点火使煤样完全燃烧。根据氧弹周围水温的升高值，计算煤的发热量。实际上煤样燃烧释放的热量，不仅使内筒水温升高，还使氧弹本身、内筒、插入内筒的搅拌器和温度计等组成的量热系统吸热升温。此外，恒温式量热仪的内筒、外筒之间还存在热交换。因此，须经过一系列校正后，方可计算出煤样在氧弹中燃烧所放出的热量。

三、仪器设备与材料

（1）恒温式量热仪：包括以下主件和附件。

氧弹：由耐热、耐腐蚀的镍铬或镍铬钼合金钢制成。

内筒：由紫铜、黄铜或不锈钢制成。筒内盛水 2000~3000 mL，以能浸没氧弹（进气阀、出气阀和点火电极除外）为准。内筒外表面应电镀抛光，以减少内筒、外筒间的辐射传热。

外筒：由金属制成的双壁容器，装有盖。外筒底部设有绝缘支架，以便放置内筒。

搅拌器：螺旋桨式，转速以 400~600 r/min 为宜，搅拌效率应使在热容量标定时，由点火到终点的时间不超过 10 min，同时又要避免过多的搅拌热（当内筒、外筒温度和室温保持一致时，连续搅拌 10 min，所产生的热量不应超过 120 J）。

温度计：精密温度计。

燃烧皿：铂制品或镍铬钢制品。规格为高 17 mm，上部直径为 25~26 mm，底部直径为 19~20 mm，厚 0.5 mm。由其他合金钢或石英制的燃烧皿也可使用，但必须保证试样燃烧完全，而本身又以不受腐蚀和产生热效应为原则。

点火装置：采用棉线点火，在遮火罩以上的两电极柱间连接一段直径约为 0.3 mm 的镍铬丝，丝的中部预先绕成螺旋状，以便发热集中；调节电压，使发热丝在 4~5 s 内达到暗红，使用时棉线一端夹在螺旋中，另一端搭接在试样上。点火采用 8~24 V 的电源。

控制器或计算机：用于程序控制量热仪的运行，保存测试条件、样品信息，计算所测数据，得到测定结果。

图 2-17 为恒温式量热仪的结构示意图。

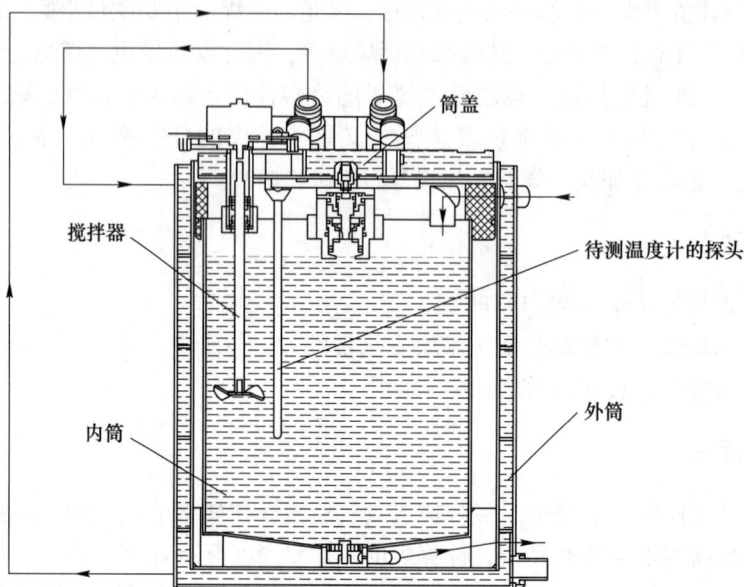

图 2-17 恒温式量热仪结构示意图

（2）压力表和氧气导管：压力表应由两个表头组成，一个指示氧气瓶中的压力，另一个指示充氧时氧弹的压力。表头上应装设减压阀和保险阀。压力表每年至少须经计量机关检定一次，以确保指示正确和操作安全。

压力表由内径为 1~2 mm 的无缝铜管与氧弹连通。

压力表和各连接件禁止与油脂接触或使用润滑油。如不慎被污染，必须依次用苯和酒精清洗，待风干后再用。

（3）压饼机：螺旋式压饼机或杠杆式压饼机，能压制直径为 10 mm 的煤饼或苯甲酸饼。模具和压杆应为硬质钢制成，表面光洁，易于擦拭。

（4）分析天平：感量为 0.1 mg。

（5）工业天平：最大称量为 4~5 kg，感量为 0.5 g。

（6）氧气：至少 99.5% 的纯度，不含可燃成分，因此不许使用电解氧。

（7）苯甲酸：经计量机关检定并标明热值的基准量热物质。使用前应在 40~50 ℃下烘烤 3~4 h。

（8）点火丝：使用棉线点火，选用粗细均匀、不涂蜡的白棉线。其燃烧热为 17500 J/g。

（9）酸洗石棉绒：使用前在 800 ℃下灼烧 30 min。

（10）包纸：使用前先测定其燃烧热，方法是将 3~4 张包纸用手团紧，精确称量，放入燃烧皿，按常规方法测其发热量。取两次结果的平均值作为标定值。

四、实验步骤（恒温式量热仪法）

（1）用已知质量的包纸称取粒度小于 0.2 mm 的实验煤样 0.9~1.1 g（称准至 0.0002 g），

包裹后用点火棉线系牢，放入燃烧皿中，棉线的另一端固定在点火丝上。对于燃烧时易于飞溅的试样，可用已知质量和发热量的包纸包紧，或在压饼机中压成饼并切成 2~4 mm 的小块使用。不易燃烧完全的试样，可在燃烧皿的底部铺上一个石棉垫，或用石棉绒作衬垫。若用石英燃烧皿，则无须任何衬垫。如果加衬垫后仍然燃烧不完全，可提高充氧压力至 3.0~3.2 MPa，或用已知质量和发热量的包纸包裹试样并用手压紧，放入燃烧皿中。

（2）将 10 mL 蒸馏水注入氧弹，小心拧紧氧弹盖，接上氧气导管，开始充氧，直到氧弹压力达 2.6~2.8 MPa。充氧时间不得少于 30 s。当钢瓶氧压降至 5.0 MPa 以下时，充氧时间可酌量延长；降到 4.0 MPa 以下时应更换新的氧气。

（3）向内筒加入一定量的蒸馏水（应与热容量标定时内筒水量相同，相差不大于 0.5 g），须使氧弹盖的顶面（不包括突出的氧气阀和电极）淹没在水面以下 10~20 mm。内筒中加入的水量最好用称量法确定。若采用容量法，则需对温度变化进行补正。注意恰当调节内筒水温，使终点时的内筒温度比外筒高约 1 K。外筒温度应尽量接近室温，相差不得超过 1.5 K。

（4）将氧弹放入已加水的内筒中，若氧弹内无气泡逸出，表明气密性良好，即可将内筒放置在外筒的绝缘架上；如果有气泡出现，则表明漏气，应查找原因，加以纠正，重新充氧。接上点火电极插头。测量外筒温度并输入控制器后，盖上外筒盖。

（5）在控制器上输入样品信息、测试类型等相关参数。进入测试状态，系统自动开启搅拌，自动点火。测定结束后控制器显示测试结果。

（6）打开外筒盖，取出氧弹，开启氧弹上的放气阀，放出燃烧废气。放气后打开氧弹，仔细观察弹筒和燃烧皿内部，如发现试样燃烧不完全的迹象或有炭黑存在，则实验应作废，需重新进行测定。

（7）需要时用蒸馏水充分冲洗氧弹内各部分、放气阀、燃烧皿内外和燃烧残渣。将全部洗液（约 100 mL）收集在烧杯中，供测定弹筒洗液硫含量之用。

五、实验中注意事项

（1）充氧和放气应缓慢进行。充氧时间不应少于 30 s，放气时间不应少于 60 s。放气时应避免将排气口朝向人体。

（2）点火棉线不要沾湿，以防点火失败。

（3）量热仪点火时，不要将身体靠近该仪器。

（4）量热仪需定期进行标定，过期需复查。如果中途更换温度计、弹筒盖等大部件，应重新标定。

六、数据处理

（1）记录实验数据：

煤样编号：_____；

包纸质量：_____；

煤样质量：_____；

空气干燥基弹筒发热量 $Q_{b,ad}$：_____。

（2）高位发热量的计算：

$$Q_{gr,v,ad} = Q_{b,ad} - (94.1w(S)_{b,ad} + aQ_{b,ad}) \qquad (2-19)$$

式中　$Q_{gr,v,ad}$——空气干燥基恒容高位发热量，J/g；

$Q_{b,ad}$——空气干燥基弹筒发热量，J/g；

$w(S)_{b,ad}$——弹筒洗液中硫占实验煤样的质量分数，%；

a——硝酸生成热校正系数，当 $Q_{b,ad} \leqslant 16.7$ kJ/g 时，$a = 0.0010$；当 $Q_{b,ad} > 25.10$ kJ/g 时，$a = 0.0016$；当 16.7 kJ/g $< Q_{b,ad} \leqslant 25.10$ kJ/g 时，$a = 0.0012$；加助燃剂时，应按总释热计；

94.1——煤样中每 1% 的硫生成硫酸的热校正值，J/g。

在需要计算弹筒洗液硫含量的情况下，将洗液煮沸 1~2 min，取下稍冷，以甲基红作指示剂，用 NaOH 标准溶液进行滴定，求出洗液中总酸量，按式（2-20）求 $w(S)_{b,ad}$：

$$w(S)_{b,ad} = \left(\frac{cV}{m} - \frac{aQ_{b,ad}}{59.8} \right) \times 1.6 \qquad (2-20)$$

式中　c——NaOH 标准溶液的浓度，mol/L；

V——NaOH 标准溶液的消耗量，mL；

59.8——1 mmol 硝酸的生成热，J；

m——测发热量时煤样的质量，g；

1.6——换算为硫的系数。

当煤中全硫含量小于 4.00% 或发热量（含助燃剂热值）大于 14.60 kJ/g 时，可用全硫 $w(S)_{t,ad}$ 代替弹筒洗液硫 $w(S)_{b,ad}$ 进行计算。

（3）发热量测定结果的表达：弹筒发热量和高位发热量的结果计算至 1 J/g。取高位发热量的两次重复测定的平均值，按数字修约至最接近 10 J/g 倍数，以 kJ/g 的形式报出。

（4）发热量测定的精密度如表 2-18 所示。

表 2-18　发热量测定的精密度

高位发热量	同一化验室重复性限/(J·g⁻¹)	不同化验室再现性临界差/(J·g⁻¹)
	120	300

七、实验报告

（1）简述实验目的、实验原理和主要操作步骤。

（2）整理实验所得数据，计算发热量。

（3）分析实验精密度。

（4）完成思考题及实验小结。

八、思考题

实验前为什么要在弹筒内加入 10 mL 蒸馏水？

重力分选实验

实验 2-11 煤样浮沉实验与可选性分析

一、实验要求

（1）掌握浮沉实验的基本步骤及操作方法。

（2）了解煤炭的密度组成及可选性。

二、基本原理

测定物料的密度组成，是指将有代表性的试样分成密度范围不同的成分，计算各密度级物料的质量占总质量的百分数（称为产率），再按工业要求进行各密度级物料的化学分析或矿物分析（如分析灰分、硫分、金属元素含量、矿物含量等）。这就可以确定物料中各成分的质与量的关系。若把试样先进行按粒度分级，算出各粒级物料占原料的百分数，然后再对各粒级物料进行密度组成的测定，这样所获得的资料就能更全面地反映物料的特性。

煤炭密度组成的测定，主要是测定选前原煤的密度组成，目的是通过浮沉实验考察不同密度成分在原煤中的数量和质量，从而来研究原煤的性质。对于选后产品，也应测定其密度组成，为分析分选效果提供必要的资料。研究煤的密度组成的主要方法是浮沉实验，具体按照国家标准 GB/T 478—2008《煤炭浮沉试验方法》进行。浮沉实验分为大浮沉和小浮沉，大浮沉是对粒度大于 0.5 mm 的煤炭进行的浮沉实验，而小浮沉是对粒度小于 0.5 mm 的煤炭进行的浮沉实验。大浮沉一般选用易溶于水的氯化锌为浮沉介质，小浮沉可以选用氯化锌重液、无机高密度溶液或者有机重液。如果小浮沉的粉煤煤样容易泥化，可以采用四氯化碳、苯和三溴甲苯配制重液。

根据阿基米德原理，密度小于重液密度的煤将浮在液面上，而密度大于重液密度的煤将沉到底部去，密度恰好等于重液密度的煤将悬浮在重液中。在实验过程中，就要精心地把浮在液面上的部分分出来，成为小于该重液密度的物料；而将呈悬浮状态的和沉于底部的部分收集在一起，成为大于该重液密度的物料。

煤样可按 1.30 kg/L、1.40 kg/L、1.50 kg/L、1.60 kg/L、1.80 kg/L 分成不同的密度级。当小于 1.30 kg/L 密度级的产率大于 20% 时，为增加低灰精煤产品，必须增加 1.25 kg/L 密度。

三、仪器设备与材料

（1）浮沉实验主要设备、仪器用具见表 2-19。

表 2-19 浮沉实验主要设备、仪器用具

序号	名称	规 格	单位	数量	用途
1	密度计	分度值为 0.001 kg/L	套	1	测重液密度
2	干燥箱	自控温度，带鼓风机	台	1	烘干煤样
3	台秤	0.5 kg，最小刻度为 0.005 kg，感量为 1 g	台	1	称煤样
4	托盘天平	1 kg，感量为 1 g	台	1	称煤样
5	捞勺	网孔，0.5 mm	个	1	捞取煤样
6	物料盆	中号	个	5~8	放物料
7	重液桶	陶瓷缸或用镀锌板、塑料板、不锈钢板等材料制成的	个	6	盛放重液
8	煤泥桶	同重液桶	个	1	盛放原生煤泥
9	网底桶	较重液桶高 50 mm，直径比重液桶小 40 mm。桶底使用金属丝编织成的方孔网，网孔尺寸为 0.5 mm（用镀锌板或塑料板制成的圆柱形的桶）	个	1	盛煤样

（2）实验煤样：经过筛分的窄粒级煤样（如 13~25 mm、6~13 mm、3~6 mm）。

（3）重液的配置：一般选用氯化锌为浮沉介质，氯化锌易溶于水，比较经济实用。重液的配制可参考表 2-20。

表 2-20 重液配置参考表

密度/(kg·L^{-1})	1.30	1.40	1.50	1.60	1.80
氯化锌含量/%	31	39	46	52	63

配好重液后，应测定其密度。先用玻璃棒将重液轻轻搅动，待均匀后取部分重液放入量筒，然后将密度计放入量筒中，让其自由沉降，待稳定后记下密度读数。如果低于要求的密度，则应在重液桶中加入高密度重液；如果高于要求的密度，则应加水稀释；反复测定，使重液密度准确到 0.003 kg/L。

四、实验步骤

（1）将已配制好的重液装入重液桶并按密度大小顺序排列。最低密度重液分别装入两个重液桶，一个作浮沉实验用，另一个作为缓冲液。

（2）称 2 kg 煤样放入网底桶内，用水洗净附着在煤块上的煤泥，滤去洗水后再进行浮沉实验。收集冲洗出的煤泥水，用澄清法或过滤法回收煤泥，然后干燥称重。此煤泥称为浮沉煤泥。

（3）将网底桶（装有洗好的煤样）放入缓冲液中浸润一下，然后提起，斜放在（缓冲液）桶边上，滤尽重液；再放入浮沉用最低密度的重液桶内，用木棒轻轻搅动或将网底桶缓缓地上下移动，然后使其静置分层，分层的时间不少于如下规定：粒度大于 25 mm 时，分层时间为 1~2 min；最小粒度为 3 mm 时，分层时间为 2~3 min；最小粒度为 0.5~1 mm 时，分层时间为 3~5 min。

（4）小心地用捞勺按一定方向捞取浮物。捞取深度不得超过 100 mm。捞取时应注意勿使沉物搅起混入浮物中。待大部分浮物捞出后，再用木棒搅动沉物，或将网底桶缓缓上下移动，然后仍按上述方法捞取浮物，反复操作直到捞尽为止。捞出的浮物倒入盘中，并做好标记。

（5）把装有沉物的网底桶缓慢提起，斜放在桶边上滤尽重液，再放入下一个密度的重液桶中，用同样的方法逐次按顺序进行，直到该煤样全部实验完为止，最后将沉物倒入盆中。

（6）各密度级物料分别滤去重液，用水冲尽物料残存的重液（10次以上；最好用热水冲洗2次以上），然后放入干燥箱内干燥。干燥后取出冷却，达到空气干燥状态再进行称重。

五、实验中注意事项

（1）浮沉实验所用重液是具有腐蚀性的液体，在配制重液和进行实验过程中应避免与皮肤接触，要戴眼镜、穿胶鞋、工作服等。

（2）在整个实验过程中应随时用密度计测量和调整重液的密度，保证重液密度值的准确。

（3）实验中注意回收氯化锌溶液。

（4）浮沉顺序一般是从低密度级向高密度级进行。如果煤样中含有易泥化的矸石或高密度物含量多时，可先在最高密度重液内浮沉，捞出的浮物仍按由低密度到高密度顺序进行浮沉。

六、数据处理

（1）各密度级物料和煤泥烘干后分别称重，将数据记入表2-21中。

表 2-21　浮沉实验数据记录表

浮沉实验编号：_____；　　实验日期：_____；

煤样粒级：_____；　　　　灰分：_____；

实验前煤样质量（空气干燥状态）：_____

密度级 /(kg·L^{-1})	质量 /g	产率 /%	灰分 /%	累计			
				浮物		沉物	
				产率/%	灰分/%	产率/%	灰分/%
−1.3							
1.3~1.4							
1.4~1.5							
1.5~1.6							
1.6~1.8							
+1.8							

（2）将各密度级物料和煤泥分别缩制成分析煤样，测定其灰分。

（3）各密度级物料的产率和灰分用百分数表示，取到小数点后两位。

（4）浮沉实验前空气干燥状态的煤样质量与浮沉实验后各密度级物料的空气干燥状态质量之和的差值，不得超过浮沉实验前煤样质量的2%，否则实验应重新进行。

（5）浮沉实验前煤样灰分与浮沉实验后各密度级物料灰分的加权平均值的差值，需符合下列规定：

1）煤样中最大粒度大于或等于 25 mm：煤样灰分小于 20%时，相对差值不得超过 10%，即

$$\left| \frac{A_d - \overline{A_d}}{A_d} \right| \times 100\% \leqslant 10\% \tag{2-21}$$

煤样灰分大于或等于 20%时，绝对差值不得超过 2%，即

$$\left| A - \overline{A_d} \right| \leqslant 2\% \tag{2-22}$$

2）煤样中最大粒度小于 25 mm：煤样灰分小于 15%时，相对差值不得超过 10%，即

$$\left| \frac{A_d - \overline{A_d}}{A_d} \right| \times 100\% \leqslant 10\% \tag{2-23}$$

煤样灰分大于或等于 15%时，绝对差值不得超过 1.5%，即

$$\left| A - \overline{A_d} \right| \leqslant 1.5\% \tag{2-24}$$

式中　A_d——浮沉实验前煤样的灰分，%；

　　　$\overline{A_d}$——浮沉实验后各密度级物料的加权平均灰分，%。

七、实验报告

（1）简述实验原理与步骤。

（2）将实验数据填入表 2-21 中。

（3）对实验结果进行整理和分析、讨论。

（4）绘制可选性曲线并判断给定精煤灰分时该煤样的可选性等级。

八、思考题

（1）什么是理论分选密度？什么是实际分选密度？二者有何区别与联系？

（2）什么是煤的真密度、视密度、散密度？

（3）分析实验过程中出现的误差。

实验 2-12　矿粒自由沉降及形状系数测定实验

一、实验要求

（1）观察矿粒自由沉降现象并掌握测定矿粒自由沉降末速的方法。

（2）理解形状系数的意义，学会计算形状系数的方法。

二、基本原理

（一）矿粒沉降末速的测定

实验研究单个矿粒在广阔空间中独立沉降的现象。此时矿粒只受重力、介质浮力和阻力作用。

矿粒在静止介质中沉降时，矿粒对介质的相对速度即为矿粒的运动速度。沉降初期，矿粒运动速度很小，介质阻力也很小，矿粒主要在重力作用下做加速沉降运动。随着矿粒沉降速度的增大，介质阻力渐增，矿粒的运动加速度逐渐减小，直至为零。此时，矿粒的沉降速度达到最大值，作用在矿粒上的重力与阻力平衡，矿粒以某一速度等速沉降，这个速度称为矿粒的沉降末速，以 v 表示。

测定矿粒沉降末速的装置如图 2-18 所示。其主体是内径为 100~200 mm 的有机玻璃管，加料口在溢流堰上端。在沉降管下端的法兰连接处放有筛网，可根据煤样粒度更换不同的筛网。立管高度为 1200~1500 mm。排料口尺寸大于实验中煤样的最大粒度，一般为 10 mm。

通常在研究不规则的矿粒时，必须考虑矿粒的形状影响。研究表明，矿粒的形状系数 ϕ 和等体积的球体的球形系数 χ 相近，因此在粗略计算时，可以用矿粒的球形系数 χ 代替形状系数 ϕ。

（二）计算公式

（1）矿粒自由沉降末速：

$$v_0 = \frac{h}{t} \qquad (2\text{-}25)$$

式中　v_0——矿粒实际自由沉降末速，cm/s；

　　　h——矿粒自由沉降经过的距离，cm；

　　　t——矿粒经过距离 h 所需要的时间，s。

（2）矿粒体积当量直径：

$$d_V = \left(\frac{6\Sigma M}{\pi n \delta}\right)^{1/3} \qquad (2\text{-}26)$$

式中　d_V——矿粒体积当量直径，cm；

　　　ΣM——n 个矿粒的总质量，g；

　　　δ——矿粒的密度，g/cm³；

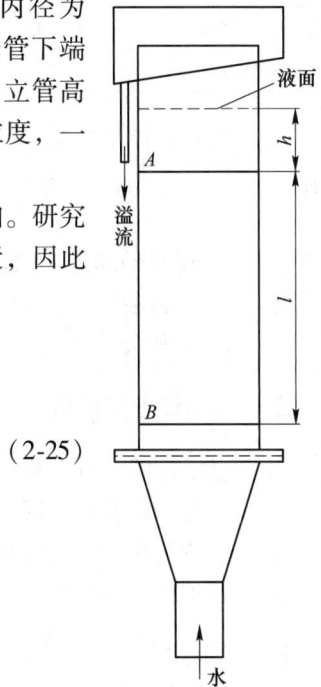

图 2-18　自由沉降管示意图

n——实验用矿粒数目。

（3）无因次参数 $Re^2\phi$：

$$Re^2\phi = \frac{\pi d_v^3(\delta - \rho)\rho g}{6\mu^2} \qquad (2\text{-}27)$$

式中　ρ——介质的密度（水取 1），g/cm^3；

　　　μ——水的黏度，取 0.01 P（1 P = 0.1 Pa·s）。

（4）球形颗粒在静止介质中的自由沉降末速：

$$v_{0球} = kd^x\left(\frac{\delta - \rho}{\rho}\right)^y\left(\frac{\rho}{\mu}\right)^z \qquad (2\text{-}28)$$

首先根据矿粒及介质性质按式（2-27）计算无因次参数 $Re^2\phi$，再根据此值查表 2-22 确定式（2-28）中的 k、x、y、z，最后计算出与矿粒等体积球体的自由沉降末速 $v_{0球}$。

表 2-22　应用范围及计算公式

流态区	k	x	y	z	$Re^2\phi$	备注
黏性摩擦阻力区	54.5	2	1	1	0~5.25	斯托克斯公式（层流绕流）
过渡区	23.6	3/2	5/6	2/3	5.25~720	过渡区的起始段
	25.8	1	2/3	1/3	720~2.3×10⁴	阿连公式（过渡区的中间段）
	37.2	2/3	5/9	1/9	2.3×10⁴~1.4×10⁶	过渡区的末段
涡流压差阻力区	54.2	1/2	1/2	0	1.4×10⁶~1.7×10⁹	牛顿公式（紊流绕流）
高度湍流区					$Re>2×10^5$ 工业生产中遇不到	

（5）矿粒的球形系数：

$$\chi = \frac{v_0}{v_{0球}} \qquad (2\text{-}29)$$

式中　χ——矿粒的球形系数，接近于矿粒的形状系数 ϕ；

　　　$v_{0球}$——与矿粒等体积的球体的自由沉降末速，由球形颗粒在静止介质中的自由沉降末速公式计算得出。

三、仪器设备与材料

（1）自由沉降管（见图 2-18）：有机玻璃柱，直径为 100 mm，高度为 1200 mm。

（2）秒表，钢卷尺，镊子。

（3）工业天平：感量为 0.01 g。

（4）石英砂：粒度为 0.50~0.56 mm，密度为 2.65 g/cm^3。

四、实验步骤

（1）将沉降管垂直紧固在支架上，用塞子将排料口塞紧，使管内注满水，排掉气体。在管的上端某位置画出一记号 A（该记号距离液面有一定高度，$h>100$ mm），自记号 A 向下量出 $l=1000$ mm，再画一记号 B。

（2）从备好的矿样中取出 20 粒（粒度大小均匀），称质量。用镊子将矿粒逐个从管中央放入水中，同时用秒表测出每个矿粒经过 AB（1000 mm）距离所用时间 t_i，然后用

式 (2-30) 算出矿粒沉降的平均时间 $t_{平均}$：

$$t_{平均} = \frac{t_1 + t_2 + t_3 + \cdots + t_n}{n} \tag{2-30}$$

式中　$t_{平均}$——n 次实验通过 AB 距离的算术平均时间，s。

（3）根据式 (2-25) 求出矿粒实际自由沉降末速 v_0。

（4）计算与矿粒等体积的球体的自由沉降末速 $v_{0球}$。

五、实验中注意事项

（1）实验过程中不能摇动沉降管。

（2）用镊子将矿粒放入沉降管时，矿粒离液面越近越好，但每次矿粒放入管中的距离应基本一致。

（3）计时、记录要有专人负责。

（4）计算时注意单位换算。

六、数据处理

（1）将实验数据及结果记录于表 2-23 中。

表 2-23　矿粒自由沉降实验报告表

样品编号	矿样性质		沉降高度 h 所需时间 t_i/s	$t_{平均}$/s	实际沉降末速 v_0 /(cm·s^{-1})	$Re^2\phi$	$v_{0球}$ /(cm·s^{-1})	球形系数 χ
	密度 δ /(g·cm^{-3})	当量直径 d_V/cm						
1								
2								
⋮								
n								

（2）根据公式分别计算 v_0 和 $v_{0球}$。

（3）根据式 (2-29) 计算矿粒的球形系数。

七、实验报告

（1）简述实验原理及主要实验过程。

（2）整理实验数据，完成表 2-23。

（3）求得矿粒的球形系数。

（4）完成思考题及实验小结。

八、思考题

（1）什么是颗粒形状系数？研究颗粒形状系数有什么意义？

（2）试推导球形颗粒在静止介质中自由沉降末速 v_0 的计算公式。

（3）分析实验过程中出现的误差。

实验 2-13　干扰沉降实验

一、实验要求

（1）测定同类粒群在水中的干扰沉降速度，研究干扰沉降速度与容积浓度、自由沉降速度之间的关系。

（2）通过实验加深对干扰沉降的理解。

（3）利用干扰沉降管，测定不同容积浓度条件下水中同类粒群的干扰沉降速度。

（4）利用实验结果，确定干扰沉降速度与自由沉降速度、容积浓度之间的关系。

（5）用实验数据作图确定实验指数 n 值。

二、基本原理

当某一矿物颗粒群的容积浓度为 λ 时，上升介质流速 u_a 与矿物颗粒群干扰沉降速度 v_g 相等，即

$$u_a = v_g \tag{2-31}$$

上升水在干扰沉降管内净断面的流速应为

$$u_a = \frac{Q}{A} = \frac{4Q}{\pi D^2} \tag{2-32}$$

式中　Q——流量，cm^3/s；

A——干扰沉降管内净断面面积，cm^2；

D——干扰沉降管内径，cm。

干扰沉降速度与容积浓度关系式如下：

$$v_g = u_a = v_0 (1 - \lambda)^n \tag{2-33}$$

当悬浮体高度为 h 时，固体容积浓度 λ 可由式（2-34）求出：

$$\lambda = \frac{\Sigma G}{Ah\delta} = \frac{4\Sigma G}{\pi D^2 h \delta} \tag{2-34}$$

根据实验用石英砂的粒度范围，计算 v_0 时可采用阿连公式：

$$v_0 = \chi 25.8 d \left(\frac{\delta - \rho}{\rho} \right)^{2/3} \left(\frac{\rho}{\mu} \right)^{1/3} \tag{2-35}$$

式中　d——矿粒的直径，cm；

ρ——水的密度，$\rho = 1\ g/cm^3$；

μ——水的动力黏度，$\mu = 0.01\ P（1\ P = 0.1\ Pa \cdot s）$；

δ——矿粒的密度，g/cm^3；

χ——矿粒的球形系数，石英取 0.7。

式（2-33）中 n 值为实验指数，它与矿粒的粒度及形状有关，可用实验数据作图，也可近似地用式（2-36）求出：

$$n = \frac{1}{\lambda_n} - 1 \tag{2-36}$$

式中　λ_n——当 λv_g 为最大值时所对应的固体容积浓度。

此外，水中颗粒在粒群中的干扰沉降阻力系数 ψ_g 由式（2-37）求出：

$$\psi_g = \frac{G_0}{d^2 v_g^2 \rho} \tag{2-37}$$

三、仪器设备与材料

（1）直径为 56 mm、长度为 1.5 m 的干扰沉降管（有机玻璃管），如图 2-19 所示。

（2）秒表、天平（感量为 0.1 g）、1000 mL 量筒及 500 mL 量筒各一个。

（3）使用密度为 0.01~0.02 g/cm^3 的水玻璃溶液作为分散剂。

（4）密度为 2.65 g/cm^3、粒度为 0.25~0.30 mm 的石英砂 300 g。

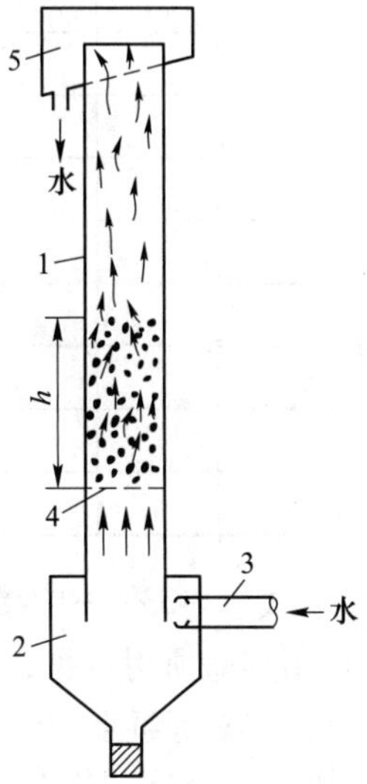

四、实验步骤

（1）将称好的 300 g 石英砂放入烧杯中，加入少量水及水玻璃溶液，使试料润湿。

（2）开启阀门，使有机玻璃管内先装入一部分水。

（3）将烧杯中润湿好的试料倒入有机玻璃管内，使石英砂全部沉降至筛面上。

（4）用调节阀门的办法，改变若干次上升水的流速。每改变一次水速，待石英悬浮体高度稳定后，用秒表及量筒测定水的流量、石英悬浮体的高度。

（5）关闭进水阀门，测出悬浮体上界面的下降速度。

图 2-19　干扰沉降管示意图
1—垂直玻璃管；2—涡流管；
3—切向给水管；4—筛网；
5—溢流槽

五、数据处理

（1）将全部实验的测定数据、计算数据和整理后的数据填入表 2-24 及表 2-25 内。

表 2-24　石英砂的干扰沉降速度

实验用干扰沉降管内径 $D=$ _____ cm；实验用干扰沉降管内净断面面积 $A=$ _____ cm^2；

石英砂质量 $G=$ _____ g；矿粒的直径 $d=$ _____ cm；矿粒的密度 $\delta=$ _____ g/cm^3

悬浮高度 /cm	固体容积 浓度/%	上升水			上升水流速 /(cm·s^{-1})	沉降 h 所需 的时间/s	实测的干扰沉降速度 /(cm·s^{-1})	干扰沉降速度 的计算值 /（cm·s^{-1}）
		流出时间 /s	流出体积 /mL	流量 /(mL·s^{-1})				

表 2-25　石英沉降速度与容积浓度的关系

| 悬浮高度/cm | 固体容积浓度/% | 上升水 | | | u_a ($u_a = v_g$) /(cm·s⁻¹) | λv_g | ψ_g | $\lg\psi_g$ | $\lg(1-\lambda)$ | $\lg v_g$ | $\lg v_g / v_0$ |
		流出时间/s	流出体积/mL	流量/(mL·s⁻¹)							

（2）式（2-33）中指数 n 值的确定：

1）用实验所得数据，按式（2-34）、式（2-37）分别算出每改变一次水速时相应的 λ 和 ψ_g 值。在坐标纸上取纵坐标为 $\lg\psi_g$、横坐标为 $\lg(1-\lambda)$，绘制石英的 $\lg\psi_g = f[\lg(1-\lambda)]$ 关系曲线，它应是一条直线。求出直线斜率 k 值，确定式（2-33）的指数 n 值，$n = k/2$。

2）根据实测的一组上升水流速 u_a 数据及所算出的相应 λ 值，令 $v_g = u_a$，在坐标纸上取 $\lg v_g$ 为纵坐标、$\lg(1-\lambda)$ 为横坐标，绘制 $\lg v_g = f[\lg(1-\lambda)]$ 关系曲线，它应是一条直线。求出该直线斜率，并令其等于式（2-33）中的指数 n 值。然后与 1）求出的 n 值相比较，看是否一致。

3）用式（2-35）计算出 v_0，然后在坐标纸上取 $\lg v_g / v_0$ 为纵坐标，以 $\lg(1-\lambda)$ 为横坐标，绘制 $\lg v_g / v_0 = f[\lg(1-\lambda)]$ 的关系曲线。若为直线，求其斜率，斜率就是待求 n 值。

4）根据上升水流速每改变一次所得的 λ 及 v_g（取 $v_g = u_a$），计算出一组相应的 λv_g 值；并以 λ 为横坐标、λv_g 为纵坐标绘制出 $\lambda v_g = f(\lambda)$ 的关系曲线，求出曲线当 λv_g 为最大值时的 λ（即 λ_g）值。再按式（2-36）求出 n 值，且与上述 1）、2）、3）中的 n 值加以比较。

六、实验报告

（1）简述实验原理与实验过程。

（2）完成表 2-24、表 2-25。

（3）完成思考题。

七、思考题

（1）为什么干扰沉降时矿粒受到的阻力要比自由沉降时大？

（2）干扰沉降和自由沉降有哪些异同？

（3）分析实验中出现的误差。

实验 2-14　旋流器分选实验

一、实验要求

（1）掌握旋流器分选的理论，了解影响旋流器分选效果的因素。

（2）理解和掌握旋流器分选过程中空气柱、零速包络面的形成机理及调整方法。

二、基本原理

旋流器是一种利用离心力场强化细粒级矿粒在介质中分选的装置，广泛应用于矿业、环保、轻工、材料等行业。图 2-20 是三产品旋流器示意图。

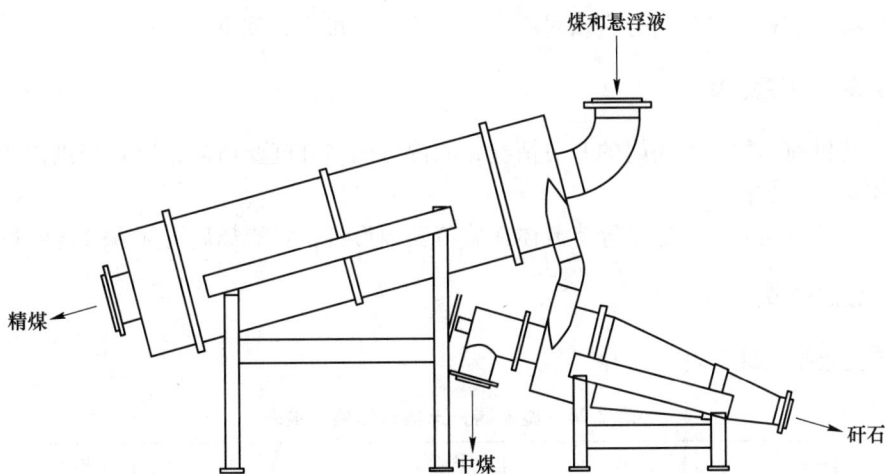

图 2-20　三产品旋流器示意图

物料给入旋流器，在旋流器内形成一个回转流。旋流器中心处矿浆回转速度达到最大，因而产生的离心力亦最大。矿浆向周围扩散运动的结果是在中心轴周围形成一个低压空气柱。

矿浆利用旋转形成离心力场，在离心力、重力、介质黏性阻力、浮力等的综合作用下，悬浮液中不同性质的颗粒产生不同的运动轨迹。在旋流器内既有切向回转运动，又有向内的径向运动，而靠近中心的矿浆又沿轴向向上（溢流管）运动，外围矿浆向下（底流管）运动。由于外旋流和内旋流的流体运动方式不同，而且内旋流是由外旋流运动过程中逐渐内迁形成的，因此其中必有轴向速度等于零的迹点。旋流器正常分离过程中，流体轴向速度为零的轨迹称为零速包络面。细小颗粒离心沉降速度小，被向心的液流推动进入零速包络面，由溢流管排出；而较粗颗粒则借较大离心力作用保留在零速包络面外，最后由沉砂口排出。零速包络面的位置决定了分级粒度。最终粗粒级、高密度颗粒向外围运动，进入外旋流，从底流口排出；细粒级、低密度颗粒向中心运动，进入内旋流，从溢流口排出。

三、仪器设备及材料

（1）仪器：三产品旋流器演示机。

（2）物料：示踪颗粒 3 kg（$\varphi = 3$ mm，$\rho_1 = 0.8$ g/cm^3，$\rho_2 = 1.2$ g/cm^3）。

四、实验步骤

（1）熟悉三产品旋流器演示机的结构及操作规范。

（2）向三产品旋流器内注入清水，要求水没过料箱中的潜水泵上端。

（3）旋流器开机，调节阀门，使旋流器内流体稳定，形成稳定的空气柱。

（4）观察空气柱的特征，讨论空气柱的形态对物料分选的影响。

（5）将示踪颗粒经入料口给入，观察颗粒在旋流器内的分选特性。

（6）将重物料和轻物料分别从对应产品口收集、烘干、称重。

五、实验中注意事项

（1）开机前，检查各阀门的开关情况，润湿管阀门开度要适当，以防开机初期流速过大、入料漏斗溢出清水。

（2）仪器启动后，一定要等待流体在旋流器内形成稳定流场后再加入分选颗粒。

六、数据处理

将实验数据记录于表 2-26 中。

表 2-26　旋流器分选实验结果记录表

序号	入料粒度 /mm	入料品位 /%	溢流产品			底流产品		
			质量/kg	产率/%	品位/%	质量/kg	产率/%	品位/%
1								
2								

七、实验报告

（1）简述旋流器分选实验的目的和原理。

（2）画出旋流器分选原理示意图，在图中描述空气柱及零速包络面。

（3）完成思考题及实验小结。

八、思考题

（1）分级旋流器与分选旋流器有何区别与联系？

（2）旋流器结构参数与操作参数有哪些？对旋流器的分选效果分别有何影响？

实验 2-15　　磁性物含量测定实验

一、实验要求

（1）了解磁选管的结构、工作原理及操作方法。

（2）学会磁性物含量的测定方法，掌握实验的操作步骤。

二、基本原理

具有不同磁性的矿物粒子，通过磁选管形成的磁场，必然要受到磁力和机械力的作用。由于磁性较强和磁性较弱的矿粒所受的磁力不同，便产生了不同的运动轨迹，从而把矿粒按其磁性不同分选为两种单独的产物。

三、仪器设备与材料

（1）磁选设备（见图 2-21）1 台。

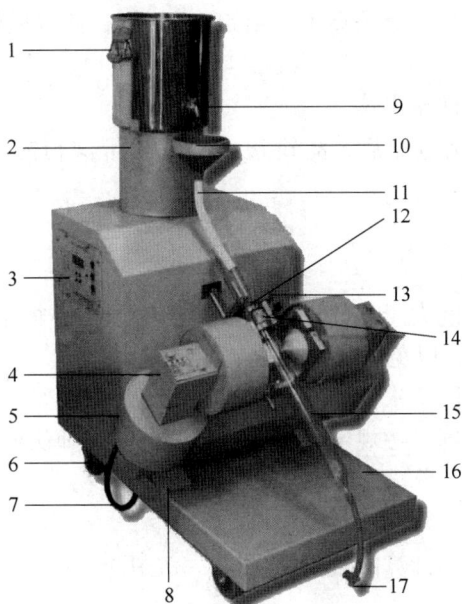

图 2-21　磁选设备示意图

1—水箱；2—支撑架；3—智能控制器；4—铁芯；5—激磁绕组；6—定位转向轮；
7—电源线；8—支座；9—水嘴；10—漏斗；11—导流管；12—铜套；13—传动支架；
14—连接环箍；15—玻璃管；16—底座；17—出水管

（2）500 mL 烧杯 2 个，塑料洗瓶 1 个，50 mL 烧杯 1 个。

（3）秒表 1 块。

（4）托盘天平 1 台，称量为 100 g，感量为 0.1 g。

（5）磁铁矿粉 100 g，粒度要求小于 0.2 mm。

四、实验步骤

（1）检查设备，并连接设备与控制器，控制器与电源连线。

（2）用软胶管将玻璃管和自来水管相连接，注水进玻璃管，调节尾矿管上的夹子，使玻璃管内水的流量保持稳定，水面高于磁极 30 mm 左右。

（3）按动电钮，电源接通。电机通过传动装置使玻璃管做往复上下移动和转动。调整手柄使激磁电流为 2.5 A。至此仪器处于待使用状态。

（4）称取 20 g 磁铁矿粉放入 500 mL 的烧杯中，滴入 5~6 滴酒精，并加入适量清水，用玻璃棒搅拌，使其完全润湿和分散。

（5）按仪器使用方法将仪器调至待用状态。此时尾矿管有水流出，应用桶接水。

（6）缓慢将矿浆从给料漏斗中给入磁选管，边给料边搅拌。给料完毕，用清水将杯及玻璃棒上的矿粒冲洗入磁选管。此时，磁性物黏附在磁极相对的玻璃管上，非磁性物随水一起从尾矿管排出。

（7）矿样给入磁选管后，继续给水，直至玻璃管内水清晰不混浊时，夹住尾矿管的夹子，同时停水。

（8）切断电源，打开尾矿管的夹子，用 500 mL 烧杯接取磁性物，用水将管壁的磁性物洗净。

（9）将激磁调整手柄回至零位。

（10）精矿和尾矿分别过滤后，滤饼送入 105 ℃ 干燥箱内烘干，干燥后冷却至室温称重。

五、实验中注意事项

（1）磁选管的磁场强度大于磁选机，所以实验时手中不得拿铁器，以免打碎玻璃管。亦不要佩戴机械手表操作，以免手表被磁化。

（2）分选时一定要冲洗至水清晰不混浊为止。

（3）实验必须认真仔细，按规定调试设备，调试经教师认可后方可进行实验。

六、数据处理

（1）将实验所获数据和计算的数据填入表 2-27 中。

表 2-27　磁性物含量测定结果记录表

实验编号	试料质量 /g	精矿质量 /g	尾矿质量 /g	磁性物含量 /%	磁选时间 /min	激磁电流 /A

（2）磁性物含量按式（2-38）计算：

$$\beta = \frac{G_j}{G} \times 100\% \tag{2-38}$$

式中　β——磁性物含量，%；

G_j——磁性物（磁选出的精矿）质量，g；

G——试料质量，g。

七、实验报告

（1）记录实验目的和操作过程。

（2）记录实验数据和计算数据。

八、思考题

（1）磁选的基本原理是什么？主要应用于哪些领域？

（2）简述测定磁铁矿粉中磁性物含量在选煤生产过程的意义。

实验 2-16 干扰床分选实验

一、实验要求

（1）了解 TBS 干扰床分选机的结构和工作原理。

（2）掌握 TBS 干扰床分选机的影响因素。

（3）通过粗煤泥分选实验加深对选煤工艺和粗煤泥分选技术的理解。

二、基本原理

粗煤泥［一般指 0.5(0.25)~3(2) mm 的煤泥］介于重选和浮选的有效分选粒度范围之间，重选和浮选均能对其进行一定的分选，但实际分选效果都较差。近年来粗煤泥的分选越来越受到重视，TBS 干扰床是目前最为有效的粗煤泥分选设备之一，其原理与结构如图 2-22 所示。

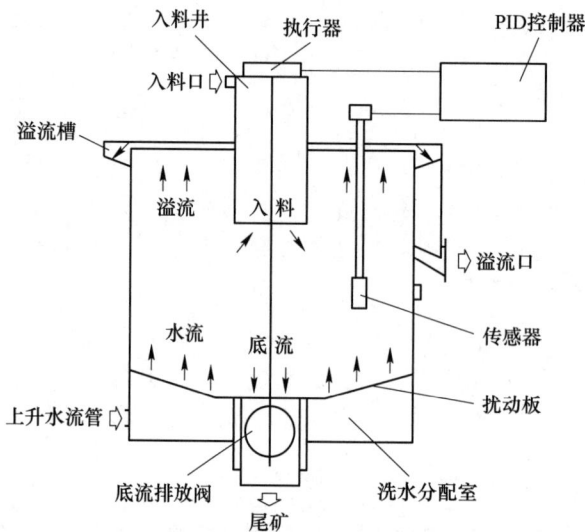

图 2-22 TBS 干扰床的原理与结构示意图

TBS 干扰床的工作原理：颗粒在似悬浮液中选煤遵循阿基米德原理，即物料在液体（或悬浮液）中所受到的浮力，等于该物料所排开同体积液体的重力。从而可推导出颗粒在静止介质中的自由沉降末速度：

$$v_{0k} = \sqrt{\frac{\pi d_v (\delta - \rho) g}{6 \phi_k \rho}} \qquad (2-39)$$

式中 v_{0k}——矿粒的自由沉降末速度，cm/s；

ρ——液体或悬浮液的密度，g/cm³；

g——重力加速度，cm/s²；

δ——矿粒的密度，g/cm³；

d_v——矿粒的粒度，mm；

ϕ_k——阻力系数，与颗粒沉降的 Re 有关。

干扰沉降公式：

$$v_g = \sqrt{\frac{\pi d_V (\delta - \rho) g}{6 \phi_k \rho}} (1 - \lambda)^n \qquad (2\text{-}40)$$

式中　v_g——矿粒的干扰沉降末速度；

　　　n——与矿粒性质有关的实验指数；

　　　λ——固体容积浓度。

从式（2-40）可以看出：随着固体容积浓度 λ 的增大，矿粒的干扰沉降末速度将减小，从而在矿浆密度和固体粒度性质都保持不变时，有利于矿石按密度或粒度进行分离。因此，可以实现分选和分级。若入料的粒度在一定范围内，则密度对沉降速度的影响起主导作用，实现按密度分离，称为分选。若入料的密度在一定范围内，则粒度对沉降速度的影响起主导作用，实现按粒度分离，称为分级。

矿浆通过一个入料缓冲筒切向进入分选机，与上升水流相遇而形成干扰床层。当达到稳定状态后，入料中密度低于床层平均密度的颗粒会浮起，并进入浮物产品。沉降速度大的颗粒则穿过床层，并由排矸口进入沉物，排矸口阀门受控制系统控制，即由设在干扰床层内的密度传感器发出的信号控制阀门动作。它是利用入料中的重产物在上升水流的作用下实现流态化，提高悬浮液的密度，将入料按沉降速度的不同进行分离。

三、仪器设备与材料

（1）TBS 干扰床粗煤泥分选实验研究系统（见图 2-23）。

（2）秒表 1 块。

（3）天平（3 kg）1 台。

（4）20 L 水桶 1 个。

（5）搪瓷盆若干。

（6）0.25~2 mm 煤样 3 kg。

（7）过滤烘干烧灰等设备。

四、实验步骤

（1）检查和熟悉实验研究系统。

（2）将给入定压水箱的阀门打开，向分选机中加入清水，清洗系统。

（3）在上升水流速调整到较小的程度时，缓缓向系统中加入粗煤泥，然后加大上升水流量到一定程度（通过流量计读数），记录分层时间，连续给料，等系统循环好后，分别取精矿和尾矿，同时可从各取样管取出样品，以了解内部的分层情况，分别进行浮沉实验。

（4）重复上述步骤（3），并改变上升水流量。

（5）关闭定压水箱的给入阀门，清理实验研究系统。

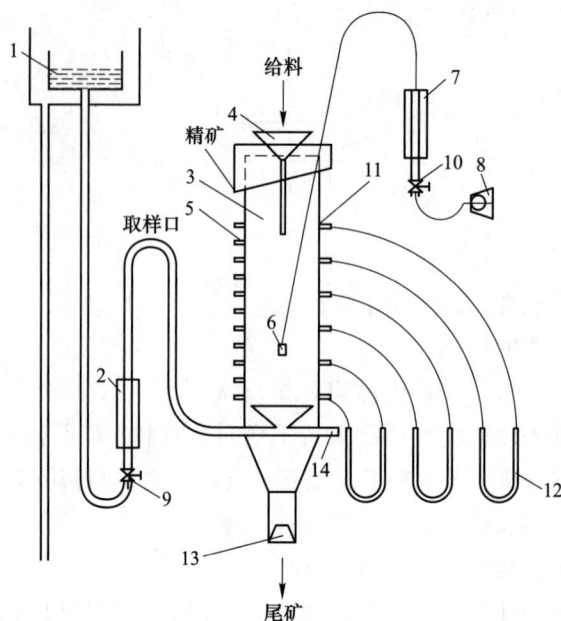

图 2-23 TBS 干扰床粗煤泥分选实验研究系统示意图

1—定压水箱；2—玻璃转子流量计；3—液固流化床分选机；4—给料斗；5—取样管；
6—气体分散器；7—气体转子流量计；8—空气压缩机；9—上升水流调节阀；
10—气体调节阀；11—测压管；12—U 形管压差计；13—排料橡胶塞；14—橡胶塞

五、数据处理

（1）将数据记录于表 2-28 中，并进行整理和分析。

表 2-28 干扰床分选实验数据记录表

实验条件	上升水流量/(L·min⁻¹)						分层时间/s							
样品	入料		精矿		尾矿		中 1		中 2		中 3		中 4	
密度 /(kg·L⁻¹)	产率 /%	灰分 /%	产率 /%	灰分 /%	产率 /%	灰分 /%	产率 /%	灰分 /%	产率 /%	灰分 /%	产率 /%	灰分 /%	产率 /%	灰分 /%
−1.4														
1.4~1.5														
1.5~1.6														
1.6~1.8														
+1.8														
合计														

（2）绘制分配曲线，并结合所学知识进行分析（不同组学生可对同一煤样分别做不同条件下的实验，然后放在一起分析）。

（3）对当前选煤工艺进行叙述，分析流程中的粗煤泥分选及处理工艺。

六、实验报告

（1）简述实验原理与实验过程。

（2）完成表 2-28。

（3）完成思考题。

七、思考题

（1）当前常见的粗煤泥分选工艺和设备有哪些？各有何优缺点？

（2）一般来说，浮选的有效分选粒度上限是多少？为何浮选粒度的有效分选粒度上限不能太大？

（3）分析实验过程中出现的误差。

实验 2-17　螺旋分选实验

一、实验要求

（1）了解螺旋分选机的结构和工作原理，观察物料在螺旋分选机中的运动状态与分离过程。

（2）了解螺旋分选实验的基本操作过程，了解影响螺旋分选的主要因素。

二、基本原理

螺旋分选过程主要涉及水流在螺旋槽面上的运动规律、物料颗粒在螺旋槽面上的运动规律及颗粒在运动过程中的综合受力规律。

在螺旋槽面的不同半径处，水层的厚度和平均流速不同。越向外缘水层越厚、流速越快。给入的水量增大，湿周向外扩展，但对靠近内缘的流动特性影响不大。随着流速的变化，水流在螺旋槽内表现为两种流态，即靠近内缘的层流和外缘的紊流。

在流动过程中，水流具有两种不同方向的循环运动：其一是沿螺旋槽纵向的回转运动；其二是在螺旋槽内外缘之间的横向循环运动。两种流动的综合效应使上、下水层的流动轨迹不同。

由于横向循环运动的存在，在槽内圈水流表现有上升的分速度，而在外圈则具有下降的分速度。

颗粒在槽面上的运动同时受重力、惯性离心力、水流的推动力及摩擦力的作用。

水流的动压力推动颗粒沿槽纵向运动，并在运动中发生分散和分层。由于水流速度沿深度的分布差异，悬浮于上层的细泥及分层后较轻的颗粒具有很大的纵向运动速度，因而也就具有很大的离心加速度。而位于下层的重颗粒沿纵向运动的分速度较小，相应的离心加速度也较小。由于上述差异而导致物料颗粒在螺旋槽的横向分层（分带）。

重力的方向始终垂直向下。由于螺旋槽的空间倾斜，故重力分布除了推动颗粒沿纵向移动外，也促使颗粒向槽的内缘运动。颗粒的惯性离心力方向与其回转半径相一致，并大致与所处位置的螺旋线的曲率半径重合。

直接与槽底接触的颗粒所受的摩擦力更加明显，位于上层的颗粒因水介质的润滑作用所受摩擦力较小，微细颗粒呈悬浮态运动，不再有固体边界的摩擦力。

上述各作用的综合结果导致物料颗粒在螺旋槽中的分选分离经过三个主要阶段：（1）分层阶段。这一阶段在 1 次回转运动结束后初步完成。（2）重颗粒的横向展开、分带阶段。离心加速度较小的底层重颗粒向内缘运动，上层的轻颗粒向中间偏外运动，而悬浮的细泥则被甩向最外缘。随着回转运动次数的增加，不同的颗粒逐渐达到稳定运动的过程。（3）平衡阶段。不同性质的物料颗粒沿着各自的回转半径运动，则分选过程完成。研究表明：颗粒分层和分带作用区域主要在螺旋横断面的中部，该区域的主要特点是矿浆的浓度基本不变，颗粒与水层之间具有较大的速度梯度。

因螺旋分选机（结构见图 2-24）无需动力，若有高差可实现无能耗工作，具有操作维护简单、工作稳定、使用寿命长、基本无需检修等特点，已广泛用于铁矿、钛铁矿、砂矿、锡矿、砂金矿、钨矿等金属矿及煤等非金属矿的选别及脱泥。

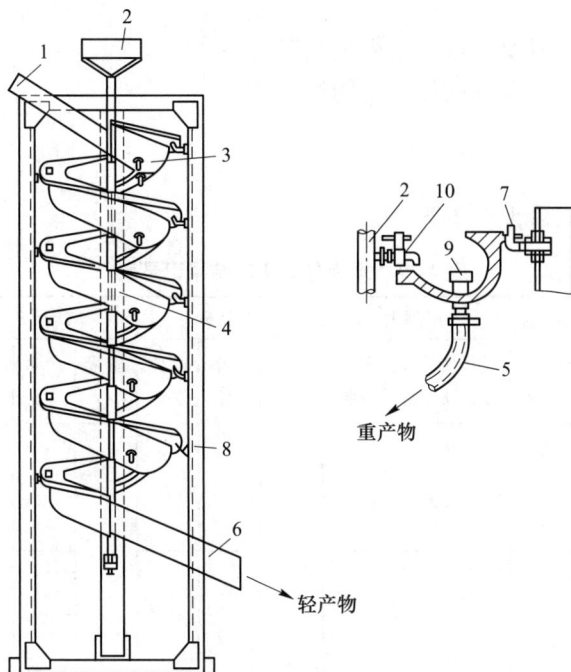

图 2-24　螺旋分选机结构图

1—给矿槽；2—冲洗水导槽；3—螺旋槽；4—连接用法兰盘；5—接矿软管；
6—排矿槽；7—螺旋槽与机架的连接件；8—机架；9—截料器；10—冲洗水阀门

三、仪器设备与材料

（1）螺旋分选机 1 台，天平（台秤）1 台。

（2）20 L 接料桶 3 个，样品盘 5 个，小盆 10 个。

（3）-6 mm 物料（原煤或其他矿样与物料，一般可采用细粒煤和石英砂混合样，便于观察现象）20 kg。

四、实验步骤

（1）学习设备操作规程，检查设备，对搅拌桶进行试转。

（2）缩制两份试样，其质量分别为 2.5 kg 和 5 kg。

（3）启动搅拌桶，在加入一定量水的情况下加入试样并加水至所需浓度。

（4）将内圈两根管子接在一个桶内，中间两根管子接在一个桶内，外圈几根管子接在一个桶内。将上部给水管沿螺旋方向给入，打开水阀调整至最外圈有水流为止。

（5）准备好接样后，打开搅拌桶放料阀，将入料桶中的悬浮混合物料给入螺旋分选机。

（6）料浆排完后，适量用水冲洗黏附在槽壁上的物料，并接入料桶。

（7）彻底冲洗给料桶和分选机，将各产品脱水、烘干、称重。

（8）根据需要，制取入料及产品的分析化验样，进行分析化验。

五、实验中注意事项

（1）产品的接取要认真仔细，不得相互混淆。

（2）实验过程中，尽量保持给料量的稳定。

六、数据处理

（1）将实验数据记录于表 2-29 中。

表 2-29　螺旋分选实验结果记录表

序号	入料粒度 /mm	入料浓度 /(kg·L⁻¹)	入料品位 /%	产品 1			产品 2			产品 3			计算入料		
				质量 /g	产率 /%	品位 /%	质量 /g	产率 /%	品位 /%	质量 /g	产率 /%	品位 /%	质量 /g	产率 /%	品位 /%
1															
2															

（2）编制实验报告。

七、实验报告

（1）简述螺旋分选实验原理和主要操作步骤。

（2）描述实验现象。

（3）按要求填写表 2-29。

（4）完成思考题及实验小结。

八、思考题

（1）影响螺旋分选效果的主要结构因素有哪些？如何影响？

（2）简述螺旋分选技术的特点、适用范围及应用领域。

实验 2-18　摇床分选实验

一、实验要求

（1）了解摇床的结构和工作原理，掌握摇床的调节和使用方法。

（2）验证物料在床面上的扇形分布。

（3）考察摇床的冲程、横冲水量对分选效果的影响。

二、基本原理

（一）摇床的结构及运动特性

摇床由床面、机架和传动机构三部分组成。摇床床面近似梯形，床面横向微倾斜，倾角不大于 $10°$，一般在 $0.5°\sim5°$；纵向自给矿端至精矿端有细微向上倾斜，倾角为 $1°\sim2°$。床面格条为来复条，沿纵向（x 轴）逐渐降低，同时沿一条或两条斜线尖灭。

摇床床面做往复差动运动，其运动特征为：（1）床面前进运动时，速度由慢变快，正加速度前进；（2）床面后退运动时，速度由快变慢，负加速度后退；（3）床面由前进变后退时，速度变化最大，惯性力最大。

摇床分选过程中，物料受三种因素的影响：格条的形式、床面不对称运动带来的惯性力、床面上沿 y 轴的横冲水量。

（二）物料在床面上的松散分层

摇床分选过程中，水流沿床面横向（y 轴）流动，不断跨越床面格条，每经过一个格条即发生一次水跃。水跃产生的涡流在靠近下游格条边缘形成上升流，在沟槽中间形成下降流。水流的上升和下降使矿粒按照密度和粒度进行松散分层。

主要表现：

（1）格条间底层颗粒密集且相对密度较大，水跃影响小，形成稳定重产物层。

（2）较轻颗粒在横向水流推动下，越过格条向下游运动。

（3）沉降速度很小的微细颗粒始终保持悬浮，随横向水流排出。

（三）物料在床面上的分层、分带

1. 分层

横向水流包括入料悬浮液中的水和冲洗水。在横向水流作用下，位于同一高度的颗粒，粒度大的要比粒度小的运动快，密度小的要比密度大的运动快。这种运动差异，使分层后不同粒度、不同密度颗粒占据不同床层高度更明显。通常，水流将接近格条高度的颗粒优先冲下。

主要现象：（1）低密度的粗颗粒优先被冲下，这些颗粒的横向速度最大；（2）沿床层纵向，格条高度逐渐降低，原来占据中间层的颗粒不断暴露到上层，即低密度细颗粒和高密度粗颗粒相继被冲洗下来，沿床面的纵向产生分布梯度。

2. 分带

床面的差动运动，引起颗粒纵向（x 轴）速度不同。同时，颗粒分层使纵向速度差更明显。底层密度高，颗粒由于与床层摩擦力大，与床面一起运动；上层颗粒由于水的润湿及松散作用，摩擦力相对小，随床面运动趋势小。

主要现象：（1）低密度颗粒与床层具有横向速度，但纵向速度小；（2）高密度颗粒横向速度小，但床层负加速度作用可获得一段有效的向前位移。最终实现轻重颗粒在纵向和横向的位移差。

颗粒在床面的实际运动是纵向和横向矢量和。实际运动方向与床面纵向（x 轴）夹角为 θ，横向速度越大，θ 越大。

$$\tan\theta = \frac{v_y}{v_x} \tag{2-41}$$

低密度粗颗粒具有最大偏离角，高密度细颗粒偏离角最小，最终产物在床面上呈扇形分布。扇面宽度越大，分选精度越高，分带的宽窄由颗粒间运动速度的差异决定。

矿物颗粒在摇床床面上的分带现象如图 2-25 所示。

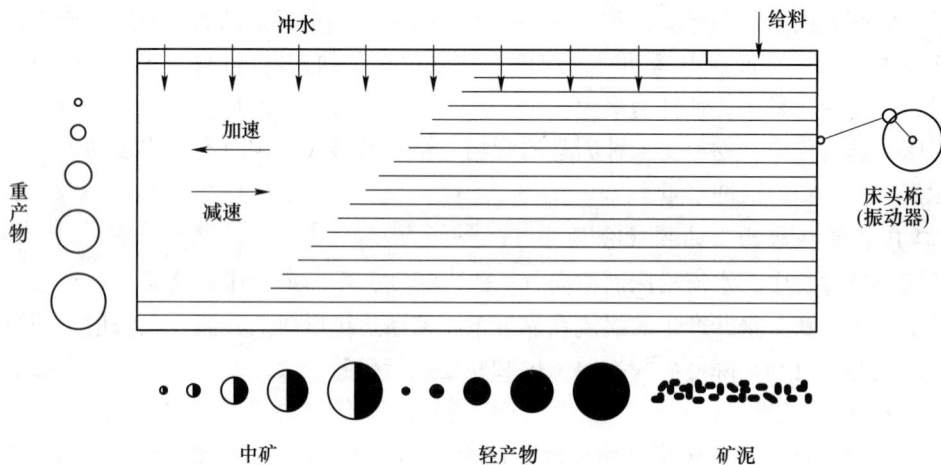

图 2-25　矿物颗粒在摇床床面上的分带现象

摇床分选技术通常用于粗选、精选、扫选等作业，已广泛用于分选钙、锡、钽、铌及其他稀有金属和贵金属矿石，也可用于分选铁、锰、铬、钛、铅等矿石及煤等非金属矿。

三、仪器设备与材料

（1）实验室用摇床 1 台。
（2）物料桶若干个。
（3）0.5~3 mm 物料（最好轻产物、重产物之间有较大的视觉差异）混合试料。

四、实验步骤

（1）学习操作规程，熟悉设备结构，了解参数的调节方法；试运转设备进行检查，确保实验过程顺利进行。
（2）将原样混合均匀后称取试样两份，每份 1 kg。

（3）选定工作参数，清扫床面，调节好冲水和床面倾角，确定横冲水流量。将润湿好的试样在 2 min 内均匀地加入给料槽，使物料在床面上呈扇形分布，同时调整接料装置，分别接取各产品。待分选过程结束后，停机，继续保持冲水，清洗床面，将床面剩余颗粒归入重产物。

（4）按照上述参数，用备用试样做正式实验，接取 3 个产物。

（5）实验结束后清理实验设备，整理实验场所。

五、实验中注意事项

（1）如本实验为演示性实验，给料要均匀，计时要准确。接料漏斗要根据物料分带情况随时调整。

（2）开机前应检查传动机构箱体中油量，如油量较少，加油后方可启动。

（3）传动机构和床尾端不准站人，以免出现意外。

（4）实验结束后，应及时切断电源，关闭水源，然后将设备和用具清洗干净。

六、数据处理

（1）将实验条件与分选结果数据分别记录于表 2-30、表 2-31 中。

表 2-30　摇床分选实验条件记录表

实验条件	入料粒度/mm	处理量/(kg·min⁻¹)	横向倾角/(°)	横冲水量/(L·min⁻¹)	冲次/(次·min⁻¹)	冲程/mm

处理量应为 $/(\mathrm{kg\cdot min^{-1}})$，横冲水量 $/(\mathrm{L\cdot min^{-1}})$，冲次 $/(\text{次}\cdot\mathrm{min^{-1}})$。

表 2-31　摇床分选实验的分选结果记录表

实验结果	产品	质量/g	产率/%	灰分/%	硫分/%	接料点距床尾距离/mm
	产品 1					
	产品 2					
	产品 3					
合计						

（2）分析实验条件与分选结果之间的关系。

七、实验报告

（1）简述摇床实验原理和主要操作步骤。

（2）绘制物料在摇床床层上的分布特性。

（3）描述实验现象。

（4）按要求填写表 2-30，并分析实验条件与实验结果的关系。

（5）完成思考题及实验小结。

八、思考题

（1）设想格条的高度沿纵向不变会发生什么现象？为什么？

（2）摇床分选过程中哪些颗粒容易发生错配？为什么？

（3）影响摇床分选的主要因素有哪些？如何影响？

浮 选 实 验

实验 2-19　接触角的测定实验

一、实验要求

（1）了解接触角测量仪的基本结构和工作原理，掌握用液滴角度测量法测定矿物接触角的基本操作。

（2）测定几种常见矿物的接触角，了解矿物天然可浮性和润湿接触角的关系。

（3）了解捕收剂和表面活性剂对矿物接触角的影响。

二、基本原理

润湿是自然界和生产过程中常见的现象，是矿物可浮性的重要标志，通常将固-气界面被固-液界面所取代的过程称为润湿。润湿分为三种基本形式：铺展、黏附、浸没。当液体与固体接触后，体系的自由能降低。因此，液体在固体上润湿程度的大小可用这一过程自由能降低的多少来衡量。在恒温恒压下，当一液滴放置在固体平面上时，液滴能自动地在固体表面铺展开来，或以与固体表面成一定接触角的液滴形式存在。

假定不同的界面间力可用作用在界面方向的界面张力来表示，则当液滴在固体平面上处于平衡位置时，这些界面张力在水平方向上的分力之和应等于零（如图 2-26 所示），这个平衡关系就是著名的杨氏（Young）方程，即

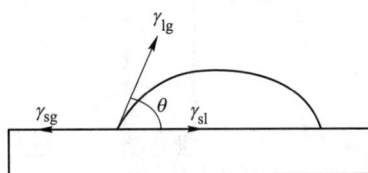

图 2-26　接触角

$$\gamma_{sg} - \gamma_{sl} = \gamma_{lg}\cos\theta \tag{2-42}$$

式中　γ_{sg}，γ_{sl}，γ_{lg} ——固-气、固-液、液-气界面张力；

θ ——固-液界面经液体内部到气-液界面的夹角，称为接触角，在 $0° \sim 180°$ 之间。接触角是反映物质与液体润湿性关系的重要尺度。

在恒温恒压下，黏附润湿、铺展润湿发生的热力学条件分别如下：

黏附润湿：　　　　　$W_a = \gamma_{sg} + \gamma_{lg} - \gamma_{sl} \geq 0$ 　　　　　（2-43）

铺展润湿：　　　　　$S = \gamma_{sg} - \gamma_{lg} - \gamma_{sl} \geq 0$ 　　　　　（2-44）

W_a、S 分别为黏附润湿、铺展润湿过程的黏附功、铺展系数。若将式（2-42）代入式（2-43）、式（2-44）中，则得到下面的结果：

$$W_a = \gamma_{sg} + \gamma_{lg} - \gamma_{sl} = \gamma_{lg}(1 + \cos\theta) \tag{2-45}$$

$$S = \gamma_{sg} - \gamma_{lg} - \gamma_{sl} = \gamma_{lg}(\cos\theta - 1) \tag{2-46}$$

以上方程说明只要测定了液体的表面张力和接触角，便可以计算出黏附功、铺展系数，进而可以据此来判断各种润湿现象，接触角的数据也能作为判别润湿情况的依据。通常把 $\theta = 90°$ 作为润湿与否的界限，当 $\theta > 90°$ 时，称为不润湿；当 $\theta < 90°$ 时，称为润湿，θ

越小，润湿性能越好；当 $\theta = 0°$ 时，液体在固体表面上铺展，固体被完全润湿。

三、仪器设备与材料

（1）仪器设备：接触角测定仪（如图 2-27 所示）、压片机。

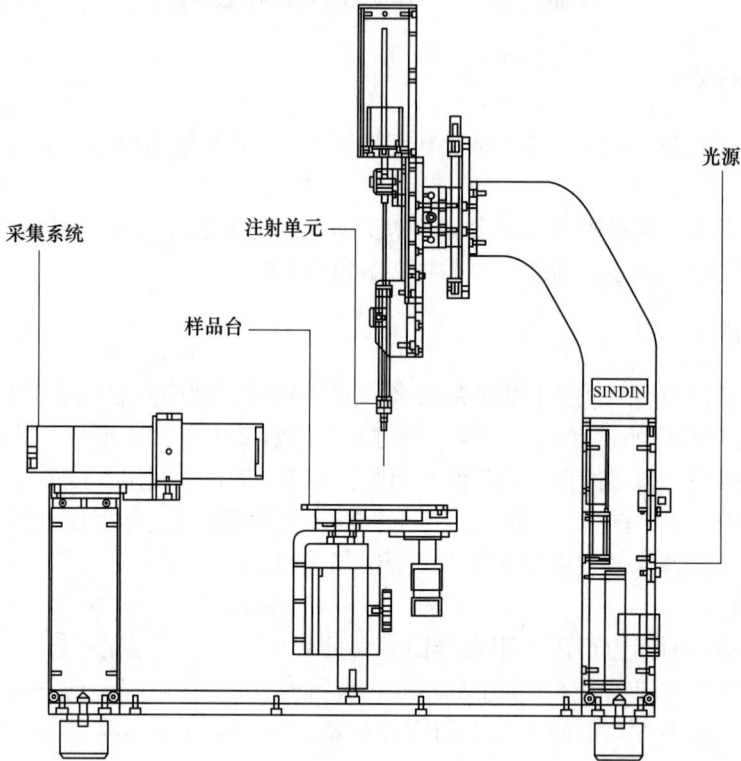

采集系统　注射单元　光源

样品台

SINDIN

图 2-27　接触角测定仪示意图

（2）工具：注射器、载玻片。

（3）材料：煤粉、煤块、其他矿块、蒸馏水。

四、实验步骤

（一）煤块接触角的测定

（1）学习了解所用仪器设备的操作说明书和操作规程。

（2）打开电源、镜头盖子，打开仪器前面的光源旋钮，顺时针旋转，看到光源亮度逐渐增强。

（3）双击图标打开接触角软件，点击"显示视频"按钮，开启视频。

（4）调整滴液针头。对焦接触角测定仪，首先向下移动滴液针头，停在变倍镜头水平线以下的位置，然后旋转固定在上下移动器上的测微小平移头，左右调整针头，当软件图像显示窗口出现针头虚影时停止。调整调焦手轮，直到图像清晰。

（5）将吸液管吸满液体安装在固定夹上。旋转测微头，液体将流出。用脱脂巾擦干针头上的液体，再在工作台上放置被测的固体试样，用弹簧片压住。

（6）上升移动工作台至界面上红色水平线的下方（1 mm 左右），调节针头位置，漏出 5 mm 左右时停止。

（7）旋转测微头，液滴显示在视窗内。当针头流出 10 μL 左右的液体时停止（0.3 μL/刻度）。

（8）旋转工作台上升手轮，直至固体表面接触液滴，然后迅速下降至红色水平线上（液滴两角和红色水平线重合），点击软件工具栏中的"采集当前图像"按钮，拍摄下此张图片准备进行接触角测量。此步骤需连贯、迅速，避免造成数据误差。

（9）选择测量工具中的切线法、高宽法、圆环法、基线圆法等，测定接触角数值，点击右键将结果保存到图片上（各测量方法介绍如表 2-32 所示）。

表 2-32　不同测量方法简介

方法	操　作	图示
切线法	将抓拍的图像在测量屏内进行测量。选择切线法，在液滴的一端左键点击一下松开，拉向另一端点点击一下，沿液体外轮廓作液体的切线，数值自动显示在图像的左上角	
高宽法	该法适合在小液滴抛开重力影响的情况下使用，所以也叫小液滴法。点击图标，在液体一端点击一下，然后拉向另一端点击，液滴地平线中点有一个小竖线，鼠标移动到地平线中点点击一下，竖向拉向液体的最高点，接触角数值自动显示出来	
圆环法	精度比上述方法高。选取此法图标，按提示在液滴一端点击一下，再在圆环上选择第二点，最后在液滴的另一端点点击一下。挪动鼠标返回到第一端点点击鼠标，松开后拉向另一端点，接触角数值自动显示	19.7°
基线圆法	点击此法图标，显示一条水平线，将其移动到液体的底面。在液体轮廓上点击两点，包括液体外线，点击一下。接触角数值自动显示	77.2°

（二）其他块状矿物接触角的测定

（1）将煤块取下，换上在金相砂纸上打磨过的其他矿物磨片。

（2）按照"煤块接触角的测定"中的步骤（4）~（9），测定该矿物的接触角。

（三）粉末状矿物材料接触角的测定

（1）将一定量的粉末状矿物材料置入待压模具内（以均匀盖满模具底为宜），将待压模具及其他附件放于压片机主油缸工作台上。

（2）手工拧紧大丝杠，关闭放油阀（顺时针拧紧）。摇动压油手柄直至所需压力值保持几分钟后逆时针打开放油阀，取出模具即可。

（3）打开模具及附件，取出矿物压片，小心放置于载玻片中央，避免折断，避免接触矿片表面从而影响其表面性质。

（4）将矿物及载玻片置于载物台上，按照"煤块接触角的测定"中的步骤（4）~（9），测定该矿物的接触角。

（5）全部测量完毕后，关闭电源开关，整理仪器和样品，清理实验现场。

五、实验中注意事项

（1）每次测量的时间越短越好，液滴直径不能太大，最好保持在 1~2 mm。

（2）测试过程必须注意保持磨片的洁净度，严禁用手直接接触磨片。

（3）如果采集的图片含液滴倒影，测量时一定要准确判断三相界面交点。

六、数据处理

将实验条件及测试结果记录于表 2-33 中，并进行简要分析。

表 2-33 _____ 矿样接触角测定实验数据记录表 （°）

矿样分组	测量方法					
	1 次测量	2 次测量	1 次测量	2 次测量	1 次测量	2 次测量
矿样 1						
矿样 2						
⋮						

七、实验报告

（1）简述实验目的、原理，并对实验现象及结果加以分析和讨论。

（2）对不同样品接触角变化作出合理解释。

（3）比较不同测量方法的区别并思考其适用条件。

八、思考题

（1）测试时间太长、液滴直径过大对测量结果有何影响？

（2）分析实验中误差的主要来源。

实验 2-20 矿粒 Zeta 电位的测定实验

一、实验要求

（1）利用微电泳法测定煤粒等矿物颗粒表面的 Zeta 电位，比较它们的表面电性差异。

（2）了解煤泥颗粒的带电性质。

（3）掌握利用微电泳仪测量矿粒等电点的方法。

二、基本原理

（一）双电层理论

分散于液相介质中的固体颗粒，由于以下原因导致其表面常常带有电荷（正电或负电）：矿物晶格粒子的有限溶解；矿物表面组分的水解和水解组分的分解；溶液中各种粒子在矿物表面上的吸附；晶格中一种离子被另一种离子所取代。

Zeta 电位是描述胶粒表面电荷性质的一个物理量，它是距离胶粒表面一定距离处的电位。

通常，矿物颗粒表面在水溶液中荷电后，其表面吸附相反符号的电荷，在固体表面形成双电层。斯特恩（Stern）修正后的双电层结构模型认为双电层由双电层内层、紧密层和扩散层三部分组成，如图 2-28 所示。

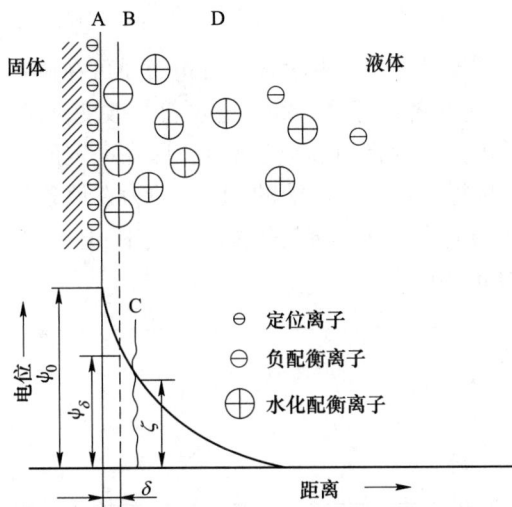

图 2-28 矿物表面双电层示意图

A—内层（定位离子层）；B—紧密层（Stern 层）；C—滑动面；D—扩散层；ψ_0—表面电位；
ψ_δ—斯特恩层电位；ζ—动电位；δ—紧密层厚度

当颗粒在外力作用下运动时，双电层中的扩散层与紧密层之间存在滑动面，滑动面上电位与溶液内部的电位差即为 Zeta 电位，也就是颗粒在静电力、机械力或重力作用下，带着吸附层沿滑动面做相对运动时产生的电位差。

（二）电泳法测颗粒的 Zeta 电位

将盛有被测液（试样）的电泳池两端加上电压，在电场作用下，荷电粒子移向正极或者负极，其移动速度与所带电荷量和外加电压成正比。当电压固定时，粒子所带电荷量越高，移动速度越快，测定的 Zeta 电位就越大。粒子的移动速度采用显微镜观察其移动一定的距离（μm）所需要的时间（s）来进行测定，故此法称为显微镜电泳法，颗粒的移动可以通过显示器观察。

通常，电泳池通电后可同时产生两种电动现象，即微粒对溶液的相对运动的电泳现象和溶液对管壁的相对运动的电渗现象。由于电渗影响，电泳池中某一深度的粒子移动速度实际上为电泳和电渗速度的矢量合成，电泳率与电泳池深度呈抛物线关系。按照流体力学定律，在电泳池封闭的条件下，可找到池中某一深度液体层电渗速度为零而只有电泳速度，该液体层即所谓的静止层，因此将显微镜调焦到静止层可观察到真正的电泳速度，然后由式（2-47）求得 Zeta 电位：

$$\zeta = \frac{4\pi\eta}{\varepsilon} \cdot \frac{v}{E}$$ （2-47）

式中　ζ——Zeta 电位；

　　　ε——溶液的介电常数；

　　　E——电场强度；

　　　v——电泳速度；

　　　η——介质黏度。

（三）等电点

等电点是矿粒的一个重要性质。一些表面活性电解质可在矿物表面产生特性吸附，既可改变 Zeta 电位大小，也可改变其符号。Zeta 电位符号改变或 Zeta 电位恰等于零时的电解质活度负对数值称为等电点，通常用 pH 值表示，即在一定的表面活性剂浓度下，改变溶液的 pH 值，当 Zeta 电位等于零时，溶液的 pH 值即为在该条件下该矿物的等电点。图2-29 是某矿粒在煤油中 Zeta 电位随 pH 值变化情况，其中 pH＝6.2 时 Zeta 电位为零，则在煤油中此矿粒的等电点为 pH＝6.2。

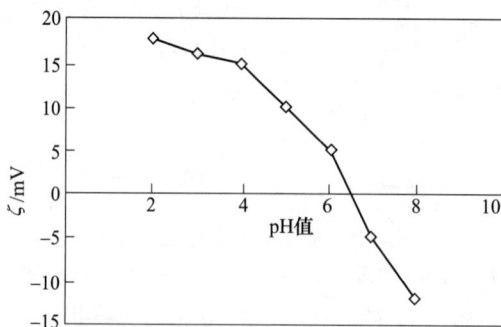

图 2-29　某矿粒在煤油中 Zeta 电位随 pH 值变化情况

本实验旨在通过测定在某种条件下不同 pH 值矿物颗粒表面的 Zeta 电位，用 Zeta 电位值对 pH 值作图，对应于 Zeta 电位为零的 pH 值即为该矿物颗粒在这种条件下的等电点。

三、仪器设备与材料

（1）微电泳仪，磁力搅拌器，超声波分散器，pH 计。

（2）烧杯，量筒，镊子，一次性滴管。

（3）醋酸，氢氧化钠，去离子水。

（4）矿物颗粒：粒度小于 5 μm（煤、铁矿石、石英等）。

四、实验步骤

（1）配制 pH 值分别为 2.0、3.0、4.0、5.0、6.0、7.0、8.0 的水溶液。利用 pH 计对配制的溶液进行 pH 值测定，确保 pH 值在合理误差范围内。

（2）样品准备：取煤中的精煤组分，并在 CCl_4（$\delta = 1.3$ g/cm^3）中进行浮沉实验，上浮的精煤经干燥后，破碎缩分出 1~2 g，放入研钵中磨至−5 μm。称 20~40 mg 试样，放入 50~100 mL 不同 pH 值溶液中，超声波分散 2 min，磁力搅拌器搅拌 1 h，用 pH 计测量待测溶液 pH 值，配制好的待测液静置待用。

（3）按照微电泳仪操作说明，接通电源，对仪器进行调焦和定位。

（4）用滴管取上清液注入电泳杯，置于微电泳仪样品槽中进行测定。颗粒在电场作用下开始移动，在电脑屏幕上捕捉颗粒的运动轨迹，截取的图片通过自带的软件计算位移，从而得到颗粒的电位，每组样品测量 5 次以上，所得结果通过误差分析，并取平均值作为最终的 Zeta 电位。

（5）实验完毕，依次关闭微电泳仪和电脑，整理仪器，清理实验现场。

五、实验中注意事项

（1）准备的样品要求粒度小于 5 μm，颗粒充分分散，避免絮凝或聚团。

（2）如果在测量过程中发现电极处产生大量气泡，要立即停止实验，判断待测液中是否混入了 Cl，如混入 Cl，要将铂电极更换成银电极重新实验；出现气泡的另一个主要原因是电极被污染，此时应将电极放入去离子水中超声波清洗，然后用裘皮巾擦拭干净。

（3）由于每种样品的折光率不同，换测试样品时，必须重新调焦和定位。

（4）测试工作应在 10 min 内完成，时间过久会影响测量精度。

六、数据处理

将实验条件及测试结果记录于表 2-34 中。

表 2-34 微电泳仪测量 Zeta 电位实验记录表

序号	测试对象	pH 值	ζ/mV
1			
2			
3			
4			

分析待测矿物颗粒的 Zeta 电位差异，并作图计算出矿物的等电点。

七、实验报告

（1）简述实验目的、原理和实验过程。

（2）完成表 2-34，作图计算矿物等电点。

（3）完成思考题及实验小结。

八、思考题

（1）测试时为何要选取上清液？

（2）如何计算矿物的等电点？

实验 2-21　煤泥可浮性实验

一、实验要求

（1）了解浮选实验装置的结构与工作原理。

（2）进行单元浮选实验方法的基本训练。

（3）掌握评价煤泥可浮性的方法。

二、基本原理

（一）浮选基本原理

浮选是细粒和极细粒物料分选中应用最广、效果最好的选矿方法。矿物表面物理化学性质——疏水性差异是矿物浮选的基础，表面疏水性不同的颗粒，其亲气性不同。通过适当的途径改变或强化矿浆中目的矿物与非目的矿物之间表面疏水性差异，以气泡作为分选、分离载体的分选过程，即为浮选。浮选一般包括以下几个过程：

（1）矿浆准备与调浆：借助某些药剂的选择性吸附，增强目的矿物与非目的矿物的润湿性差异。一般通过添加目的矿物捕收剂或非目的矿物抑制剂来实现；有时还需要调节矿浆的 pH 值、温度等其他性质，为后续的分选创造有利条件。

（2）形成气泡：通过向添加有适量起泡剂的矿浆中充气形成气泡，从而形成颗粒分选所需的稳定气-液界面和分离载体。

（3）气泡的矿化：矿浆中的疏水性颗粒与气泡发生碰撞、附着，形成矿化气泡。

（4）矿化泡沫层分离：矿化气泡上升到矿浆的表面，形成矿化泡沫层，并通过适当的方式刮出后即为浮物，而亲水性的颗粒则保留在矿浆中成为沉物。

（二）煤泥可浮性评价

煤泥可浮性是指煤泥浮选的难易程度。煤泥可浮性实验又称为煤泥可比性浮选实验，是全面了解煤的可浮性以及与其有关的物理化学性质的标准实验方法。通常采用《煤粉（泥）实验室单元浮选试验方法》（GB/T 4757—2013）和《选煤实验室分步释放浮选试验方法》（GB/T 36167—2018）评定煤泥（粉）的可浮性。

《煤粉（泥）实验室单元浮选试验方法》适用于粒度小于 0.5 mm 的烟煤和无烟煤，由可比性浮选实验和浮选参数实验两部分组成。

可比性浮选实验是对不同煤泥（粉）的可浮性进行比较的实验，也就是对不同的煤样采用相同的实验操作条件进行实验，测定其产率和灰分，并计算可浮性指标，进而判断煤样的可浮性等级。

我国煤炭可浮性采用浮选精煤可燃体回收率作为评价指标，参考《煤炭可浮性评定方法》（MT 259—1991）。浮选精煤可燃体回收率 E_c 按式（2-48）计算，计算结果取小数点后两位，修约到小数点后一位。

$$E_c = \frac{\gamma_c(100\% - A_{dc})}{100\% - A_{df}} \qquad (2-48)$$

式中　E_c——精煤可燃体回收率,%；

γ_c——浮选精煤产率,%;

A_{dc}——浮选精煤灰分,%;

A_{df}——浮选入料灰分,%。

煤炭可浮性等级见表 2-35。

表 2-35　煤炭可浮性等级

可浮性等级	极易浮	易浮	中等可浮	难浮	极难浮
$E_c/\%$	≥90.1	80.1~90.0	60.1~80.0	40.1~60.0	≤40.0

（三）实验室浮选机的使用方法

实验室使用的浮选机是机械搅拌式单槽浮选机,型号为 XFD-1.5。它由叶轮、定子、竖轴、充气管和槽体等部分组成。浮选槽结构如图 2-30 所示。

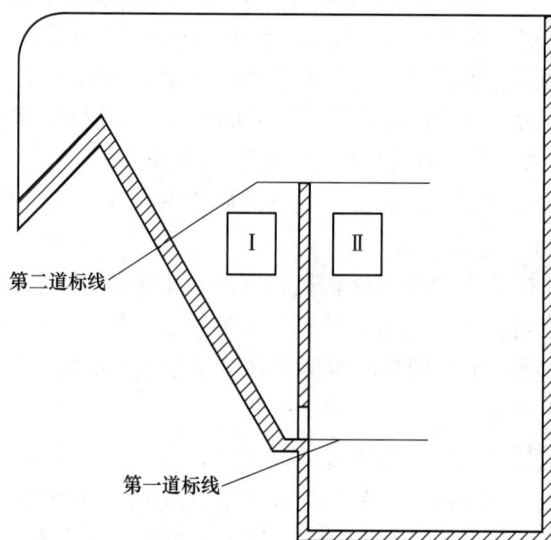

图 2-30　浮选槽结构示意图

Ⅰ—静止区；Ⅱ—搅拌区

XFD-1.5 型浮选机的槽体有效容积为 1.5 L,分为静止区和搅拌区。静止区底部有一循环孔,在安装槽体时,必须使静止区底部的循环孔与充气搅拌装置上的循环孔相对应,保证矿浆的良好循环。

浮选机安装好后,接通电源,打开刮板开关。刮板顺时针方向旋转,说明浮选机主轴、刮板旋转方向正确；否则就是电源线接反了。

进行浮选实验时,浮选机主轴转速控制在 1800 r/min,充气量控制在 0.25 m³/(m²·min)。

（四）浮选药剂的添加方法

浮选药剂的添加方法有微量进样器体积法和注射器点滴法。

1. 微量进样器体积法

微量进样器是光谱分析所用的进样工具，具有加药量准确、操作方便等优点。使用微量进样器可以直接量取药剂的体积并加到矿浆中。当药剂用量确定后，加药体积按式（2-49）计算：

$$V = \frac{m_1 P}{\rho \times 10^6}$$ （2-49）

式中　V——所需添加药剂的体积，mL；

m_1——单份浮选试样质量（干物料），g；

P——单位煤样用药剂量，g/t；

ρ——浮选药剂密度，g/cm³。

待所需添加药剂的体积结果计算出来后，根据加药量大小选择适当规格的微量进样器（或微量注射器）。常用的微量注射器有 0.25 mL 和 0.5 mL 两种规格，微量进样器有 0.1 mL、0.05 mL、0.025 mL、0.01 mL 和 0.005 mL 五种规格。

2. 注射器点滴法

注射器点滴法要求预先测出注射器加药剂的滴重，然后将加药量折算成相应的滴数，最后使用注射器逐滴加入。具体方法如下：

（1）根据加药量大小，选一容积合适的注射器和针头，针头在实验过程中不可更换。

（2）注射器中装入药剂后，注射器应处于垂直状态，缓慢用力推动活塞使药剂从针头滴出，每滴时间间隔需均匀，滴出速度不宜过快，以 40~60 滴/min 为宜。

（3）将表面皿清洗后，送恒温箱（105±5）℃烘干，在分析天平上称重。

（4）准确滴 50 滴在表面皿上，称出表面皿和药剂总质量，计算药剂滴重。

$$d = \frac{m_{50}}{50}$$ （2-50）

式中　d——药剂滴重，g/滴；

m_{50}——50 滴药剂的质量，g。

（5）实验药剂量确定后，添加滴数 n 按式（2-51）计算：

$$n = \frac{m_1 P}{d \times 10^6}$$ （2-51）

式中　m_1——单份浮选试样质量（干物料），g；

P——单位煤样用药剂量，g/t。

所计算的 n 值可能是非整数，可取整数滴添加。为了提高实验精度，加药量按实际加入滴数计算。

（6）加药时注射器应保持垂直状态，充气阀门关闭。加药点选在主轴附近矿浆紊流区。

三、仪器设备与材料

（1）实验室用浮选机（XFD-1.5），鼓风干燥箱，真空过滤机。

（2）注射器（容量为 0.25 mL，分度值为 0.01 mL）。

（3）微量进样器（容量为 0.025 mL，分度值为 0.0005 mL）。

（4）其他实验物品：秒表，洗瓶，天平，搪瓷盆，搪瓷盘。

（5）浮选药剂：正十二烷（化学纯），$\delta = 0.750$ g/cm³；4-甲基-2-戊醇（MIBC），$\delta = 0.813$ g/cm³。

（6）煤样：-0.5 mm 煤样（烟煤或无烟煤）若干，不含浮选药剂。

四、实验步骤

（一）实验条件

（1）水：蒸馏水或去离子水，也可使用自来水。

（2）矿浆温度：（20±10）℃。

（3）矿浆浓度：（100±1）g/L。

（4）药剂及其单位（干煤）消耗量：

捕收剂：正十二烷，（1000±10）g/t。

起泡剂：4-甲基-2-戊醇（MIBC），（100±1）g/t。

（5）浮选机工况：

叶轮转速：1800 r/min。

叶轮直径：60 mm。

充气量：0.25 m³/（m²·min）。

（二）具体实验步骤

（1）检查、清洗浮选槽并安装就位。加水至浮选槽第二道标线（见图 2-30），调试浮选机，使转速、充气量达到规定值。停机，关闭进气阀门，倒出浮选槽内的水。

（2）计算煤样和药剂质量，称取所需试样。

首先称量煤样，准确到 0.1 g。实验煤样质量按照式（2-52）计算：

$$m_s = \frac{1.5L \times c}{100\% - M_{ad}} \tag{2-52}$$

式中　　m_s——实验煤样质量（干物料），g；

　　　　c——矿浆浓度，取 100 g/L；

　　　M_{ad}——空气干燥煤样的水分，%。

然后分别计算捕收剂和起泡剂的用量（参照微量进样器体积法），并使用微量注射器准确量取待用。

（3）调浆：向浮选槽中加水至第一道标线（见图 2-30），开动浮选机，加入已称好的煤样，搅拌至煤样全部润湿。加水调节矿浆液面达第二道标线（见图 2-30），此时矿浆体积约为 1.5 L。

（4）启动秒表计时，搅拌 2 min 后，向矿浆液面下加入预先量好体积的捕收剂正十二烷（注意加药点位置）。1 min 后，再向矿浆液面下加入量好体积的起泡剂。

（5）继续搅拌 10 s 后，开启充气阀向矿浆中充气。同时开始刮泡（人工制泡或机械刮泡），根据泡沫层厚度的变化全槽宽收取精矿泡沫（切勿刮出矿浆）至专门物料盆中，控制补水速度，整个刮泡期间保持矿浆液面恒定。刮泡后期用洗瓶将浮选槽壁黏附的泡沫冲洗至矿浆中。

（6）刮泡 3 min 后，停止刮泡，关闭浮选机和充气阀，停止补水。将尾煤排放到尾矿盆内，沉积在浮选槽下部的颗粒要冲洗至尾煤容器中。黏附在刮板及浮选槽溢流口边、槽壁的颗粒应收集到精煤产品中。向浮选槽中加入清水，开动浮选机搅拌清洗，直至浮选槽洗净为止，清洗水排至尾煤中。

（7）重复实验一次。

（8）精煤和尾煤分别过滤脱水，滤饼置于不超过 75 ℃的恒温干燥箱中进行干燥。冷却至空气干燥状态后，分别称重并测定灰分，必要时测定硫分。

（三）顺序评价实验

实验流程：按照上述（二）具体实验步骤对实验煤样进行粗选，然后依次对粗选的尾矿和精煤进行多次扫选和精选（见图 2-31），得到多个灰分不同的产物，绘出产率-灰分关系曲线。

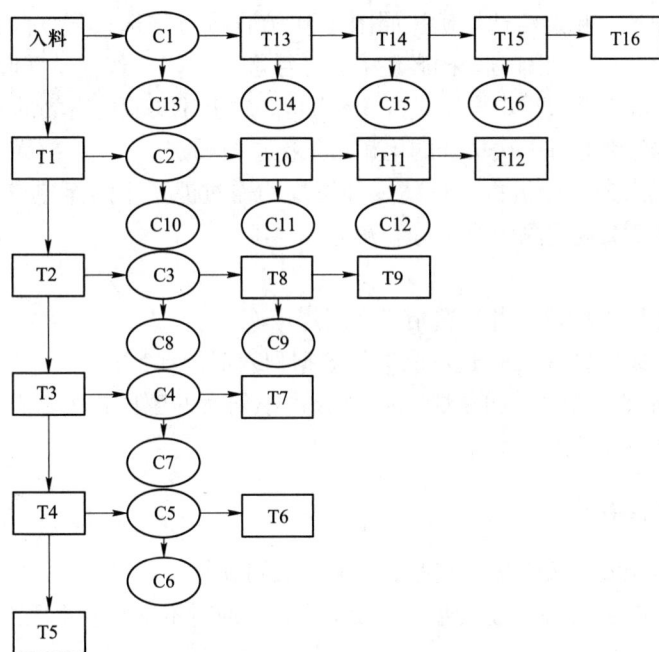

图 2-31　顺序评价实验流程

实验设备与煤样不做变动。实验条件如下：

（1）捕收剂用量：按照上述（二）具体实验步骤进行初步实验，根据实验结果可参照表 2-36 确定顺序评价实验捕收剂用量。

表 2-36　捕收剂用量参考表

浮选精煤产率/%	用量（按每千克干煤泥计）/(mL·kg^{-1})
<40	1
40~60	0.25
60~80	0.10
>80	0.025

（2）起泡剂用量：每次扫（精）选都应添加起泡剂 4-甲基-2-戊醇（MIBC），其用量为 0.05 mL/kg。

（3）矿浆浓度：粗选浮选实验的矿浆浓度为 100 g/L，此后的各次精选和扫选的矿浆浓度为前次精（扫）选产物稀释后的实际矿浆浓度。

（4）单位充气量：单位充气量为（0.25±0.025）$m^3/(m^2 \cdot min)$。

（5）实验温度：矿浆温度为（25±10）℃。

具体实验步骤如下：

（1）粗选：在不添加捕收剂和起泡剂的情况下，参照上述（二）具体实验步骤进行粗选实验。保留浮选精煤泡沫和尾煤矿浆备用，以进行精选和扫选实验。在收集精煤泡沫和尾煤矿浆时，应尽量减少冲洗用水量。

（2）精选和扫选：粗选浮选尾矿按照图 2-31 流程进行扫选，第一段按照表 2-36 加入捕收剂（以后逐段增加），以回收未能上浮的可浮颗粒，扫选作业从 T1 到 T5 依次进行，直到尾矿中精煤出量不足入浮煤样质量的 5% 为止。对上述实验所得到的 C1~C5 各精煤产物进行精选，然后分别对每一次精选的尾矿再依次进行扫选。

（3）精煤和尾煤产品分析：所有精煤和尾煤均需过滤，干燥至空气干燥状态，按照 GB/T 211 和 GB/T 212 规定测定全水分和灰分。

实验结果：

（1）计算入浮原煤质量，各浮选精煤和尾煤产率。

（2）粗选和各阶段精（扫）选产品原始数据列表记录。

（3）所有产品（浮选精煤和尾煤）按灰分由小到大的顺序排列，计算累计产率和累计灰分，绘制产率-灰分关系曲线。

五、实验中注意事项

（1）应严格遵照实验条件进行实验，否则将无可比性。

（2）补加清水时要均匀，做到溢流口没溢流，刮泡时不刮水、不压泡。保证矿浆液面的恒定。

（3）各浮选工序的操作时间误差不得超过 2 s。

（4）采用注射器点滴法加药时，注射器必须垂直。

六、数据处理

（1）将实验结果分别记录在表 2-37~表 2-40 中。

表 2-37　煤泥可浮性实验结果记录表

煤样名称：＿＿＿＿＿＿＿＿；采样日期：＿＿＿＿＿＿＿＿；煤样粒度：＿＿＿＿＿＿＿mm；
煤样灰分：＿＿＿＿＿＿＿%；煤样硫分：＿＿＿＿＿＿＿%

项目	精煤				尾煤				计算入料			
	质量/g	产率/%	灰分/%	硫分/%	质量/g	产率/%	灰分/%	硫分/%	质量/g	产率/%	灰分/%	硫分/%
第一次实验												

项目	精煤				尾煤				计算入料			
	质量/g	产率/%	灰分/%	硫分/%	质量/g	产率/%	灰分/%	硫分/%	质量/g	产率/%	灰分/%	硫分/%
第二次实验												
综合结果												
实验误差												

表 2-38 顺序评价实验原始数据记录表

煤样名称：_____ ；采样日期：_____ ；实验日期：_____ ；执行标准：_____ ；
煤样灰分：_____ %；煤样质量：_____ g；实验温度：_____ ℃；单位充气量：_____ $m^3/(m^2 \cdot min)$

产品名称	质量/g	产率/%	灰分/%
C4			
C5			
C8			
C9			
C10			
C11			
C17			
T5			
T11			
T17			
合计			

表 2-39 顺序评价实验结果记录表

产品名称	质量/g	产率/%	灰分/%	累计产率/%	累计灰分/%
C10					
C8					
C11					
C9					
C4					
C17					
T11					
C5					
T17					
T5					
合计					

表 2-40　筛分实验结果记录表

煤样名称：_____；采样日期：_____；实验日期：_____；执行标准：_____；

煤样灰分：_____%；煤样质量：_____g；实验温度：_____℃

粒级/mm	质量/g	产率/%	灰分/%	累计产率/%	累计灰分/%
+0.500					
0.250~0.500					
0.125~0.250					
0.074~0.125					
0.045~0.074					
-0.045					
合计					

（2）误差分析。可比性浮选实验的误差应符合以下规定，若超过误差则本次实验作废，必须重做。

1）质量损失：精煤和尾煤质量之和（即计算入料质量）与实际浮选入料质量相比，损失率不得超过 3%。

2）灰分允许差值：煤样（浮选入料）灰分小于 20% 时，与计算原煤灰分的相对差值不得超过 ±5%；煤样（浮选入料）灰分大于或等于 20% 时，与计算原煤灰分的绝对差值不得超过 ±1%。

3）平行实验误差分析：精煤产率允许误差不得超过 1.6%。关于精煤灰分允许误差，当精煤灰分小于或等于 10% 时，绝对误差小于或等于 0.4%，即

$$|A_{c1} - A_{c2}| \leqslant 0.4\% \tag{2-53}$$

当精煤灰分大于 10% 时，绝对误差小于或等于 0.5%，即

$$|A_{c1} - A_{c2}| \leqslant 0.5\% \tag{2-54}$$

式中　A_{c1}——第一次实验的精煤灰分，%；

　　　A_{c2}——第二次实验的精煤灰分，%。

（3）将表 2-37 中实验结果以精煤和尾煤质量分数之和作为 100% 分别计算其产率。计算值精确至小数点后两位。

（4）计算浮选精煤可燃体回收率 E_c，根据表 2-35 判断煤样的可浮性等级。

（5）顺序实验允许误差：

1）质量损失不得超过 3%。

2）灰分允许差值应符合以下规定：当煤样（浮选入料）灰分<20% 时，与计算原煤灰分的相对差值不得超过 ±5%；当煤样（浮选入料）灰分≥20% 时，与计算原煤灰分的绝对差值不得超过 ±1%。

3）两次平行实验的精煤产率允许误差应不大于 1.6%。关于精煤灰分允许误差，当精煤灰分≤10% 时，绝对误差≤0.4%；当精煤灰分>10% 时，绝对误差≤0.5%。

七、实验报告

（1）简述实验目的和实验过程。

（2）进行实验结果的记录及整理。

（3）计算浮选精煤可燃体回收率，评定实验煤泥的可浮性等级。

（4）完成思考题及实验小结。

八、思考题

（1）可浮性实验使用的正十二烷和 4-甲基-2-戊醇分别起到什么作用？其作用机理是什么？

（2）可浮性实验为什么要严格按照实验条件进行？

（3）可燃体回收率作为浮选指标，其含义是什么？

（4）实验操作过程中，搅拌调浆阶段为什么不能充气？如果将干试样直接倒入已加好水的浮选槽中可能会发生什么现象？

实验 2-22　煤泥浮选速度实验

一、实验要求

（1）从浮出精煤顺序和时间角度考察煤泥的浮选行为。

（2）对煤泥可浮性进行研究和评价。

（3）掌握绘制可浮性曲线的方法。

二、基本原理

浮选速度实验是从时间角度来考察煤泥浮选行为的，也是了解浮选过程快慢的实验。煤泥可浮性好，浮选速度快，其精煤产率高。

浮选速度实验又叫浮选鉴定实验，是一次加药多次刮泡的连续浮选实验。

为了消除浮选工艺条件的影响，浮选速度实验必须在最佳浮选工艺条件下进行。最佳浮选工艺条件可根据《煤粉（泥）实验室单元浮选试验方法》（GB/T 4757—2013），从浮选药剂选择实验、浮选条件实验、分次加药流程实验三个阶段，采用正交实验设计方案获得。在最佳浮选工艺条件下进行浮选速度实验，通常在浮选刮泡时间为 0.25 min、0.50 min、1.00 min、2.00 min、3.00 min、5.00 min 时分别收集产物 1~产物 6，尾煤为产物 7。刮泡时间可根据实验情况进行调整。实验初期泡沫量大，刮泡时间稍微短一些；随着实验的进行，泡沫产量逐渐减少，刮泡时间相应增加。

根据浮选速度实验结果，经过整理计算后，其数据可绘制可浮性曲线。从曲线上可以计算煤泥浮选速率常数，它是建立浮选速度数学模型的基础。

浮选速度实验又可作为最佳条件鉴定实验，用于煤泥的可浮性研究。

三、仪器设备与材料

（1）实验室用浮选机（XFD-1.5），鼓风干燥箱，真空过滤机。

（2）注射器两支（0.5 mL、0.1 mL 各一支）。

（3）其他实验物品：秒表，洗瓶，天平，搪瓷盆，搪瓷盘。

（4）浮选药剂（见实验步骤）。

（5）煤样：-0.5 mm 煤样（烟煤或无烟煤）若干。

四、实验步骤

（一）实验条件

（1）浮选浓度为 100 g/L。

（2）药剂用量：煤油 1500 g/t，仲辛醇 100 g/t。

（3）主轴转速为 1800 r/min，刮泡转速为 30 r/min，充气量为 0.25 $m^3/(m^2 \cdot min)$。最佳实验条件由指导教师根据煤样特性给定。

（二）具体实验步骤

（1）清洗浮选槽，调试浮选机，按照实验 2-21 要求进行。

（2）按照实验 2-21 操作，计算煤样质量，称取煤样。计算药剂量，选取加药器，取计算药剂量，并标明药剂名称。

（3）浮选槽中添加自来水，使水位达到第一道标线。关闭充气阀门，开动浮选机，加入称好的煤样，搅拌煤样待全部润湿后，加水使矿浆液面达到第二道标线，此时矿浆体积约为 1.5 L。

（4）用秒表计时，矿浆搅拌 2 min 后向矿浆中加入捕收剂，搅拌 2 min，再向矿浆中加入起泡剂。

（5）30 s 后，打开充气阀，给矿浆充气，开动刮板刮取泡沫产品，并贴上标签。

（6）泡沫产品分多次刮取，刮泡时间依次为 0.25 min、0.50 min、1.00 min、2.00 min、3.00 min、5.00 min。分别收集刮出的产物 1~产物 6，产物 7 为尾煤。

（7）刮出产物 6 后，关闭充气阀门，停机，并将槽壁的煤泥冲洗至尾煤容器；溢流口及刮板的煤泥洗入产物 6 中。将尾煤倒入搪瓷盆。用清水冲洗浮选槽及搅拌装置，清洗水排至尾煤中。

（8）将 7 个产品分别过滤脱水，滤饼置于不超过 75 ℃的恒温干燥箱中干燥至恒重。冷却至室温后分别称重，同时制样化验灰分。

（9）必要时进行硫分、发热量等指标分析。

五、实验中注意事项

（1）实验中补加清水要均匀，必须保证刮泡时不刮水，不积压泡沫。

（2）严格执行各操作工序的时间，误差不超过 2 s。

（3）煤泥加入浮选槽后，一定要全部润湿，不打团，没有"假粒"存在。

六、数据处理

（1）将实验数据记录在表 2-41 中。

表 2-41　煤泥浮选速度实验数据记录表

实验编号：＿＿＿＿＿＿＿＿；煤样名称：＿＿＿＿＿＿＿＿；煤样粒度：＿＿＿＿＿＿mm；

矿浆浓度：＿＿＿＿＿＿＿g/L；叶轮转速：＿＿＿＿r/min；单位充气量：＿＿＿＿m³/（m²·min）；

捕收剂名称及单位消耗量：＿＿＿＿＿＿＿＿g/t；起泡剂名称及单位消耗量：＿＿＿＿＿＿＿＿g/t

产品编号	盘号	浮选产品	浮选时间/min	质量/g	产率/%	灰分/%	累计	
							产率/%	灰分/%
1		精煤 1	0.25					
2		精煤 2	0.50					
3		精煤 3	1.00					
4		精煤 4	2.00					
5		精煤 5	3.00					
6		精煤 6	5.00					
7		尾煤	—					
合　计								

（2）实验误差也应符合实验 2-21 规定。

七、实验报告

（1）简述实验的目的、意义及实验过程。

（2）按照要求进行数据处理，绘制可浮性曲线。

（3）完成思考题及实验小结。

八、思考题

（1）为什么浮选速度实验要严格控制操作时间？

（2）为什么精煤刮泡时间间隔逐渐增加？

实验 2-23　煤泥分步释放浮选实验

一、实验要求

（1）通过分步释放实验，了解待测煤泥试样中不同可浮性物料的数量、质量分布规律，建立实验室浮选的理论指标。

（2）掌握分步释放实验方法和整理实验结果的方法。

（3）学习设计评价浮选效果实验的标准方法。

二、基本原理

分步释放实验是利用煤与矿物杂质的表面疏水性差异，在浮选过程中按疏水性从强到弱、对应灰分从低到高依次分成不同产品的单元浮选实验。

按照《选煤实验室分步释放浮选试验方法》（GB/T 36167—2018）规定的浮选工艺条件进行，通过一次粗选多次精选（一般为四次），将煤泥分选成实际可浮性不同的若干产物，其实验结果可描述待测煤样中不同可浮性产物的数量、质量分布规律。分布释放浮选实验流程如图 2-32 所示。该方法适用于−0.5 mm 的烟煤和无烟煤。

三、仪器设备与材料

（1）实验室用浮选机（XFD-1.5）。

（2）微量注射器（容量为 0.25 mL，分度值为 0.01 mL），微量进样器（容量为 0.025 mL，分度值为 0.0005 mL）。

（3）可控温烘箱，真空过滤机。

（4）物料盆若干，天平 1 台。

（5）入浮试样 1 kg。

（6）浮选药剂：捕收剂用正十二烷（密度取 0.75 g/cm³），起泡剂用仲辛醇（密度取 0.821 g/cm³）。

四、实验步骤

（一）实验准备

（1）计算并称取实验煤样（称准到 0.1 g）。

$$m_{\mathrm{s}} = \frac{1.5\mathrm{L} \times c}{100\% - \mathrm{M}_{\mathrm{ad}}} \tag{2-55}$$

式中　m_{s}——实验煤样质量，g；

　　　c——矿浆浓度，g/L；

　　M_{ad}——空气干燥煤样的水分，%。

（2）计算捕收剂和起泡剂体积，并用微量注射器取捕收剂和起泡剂。

$$V = \frac{Q m_{\mathrm{s}}}{10^6 \times \delta} \tag{2-56}$$

式中　V——捕收剂、起泡剂的体积，mL；

　　　Q——捕收剂、起泡剂的用量，g/t；

　　　δ——捕收剂、起泡剂的密度，g/cm³。

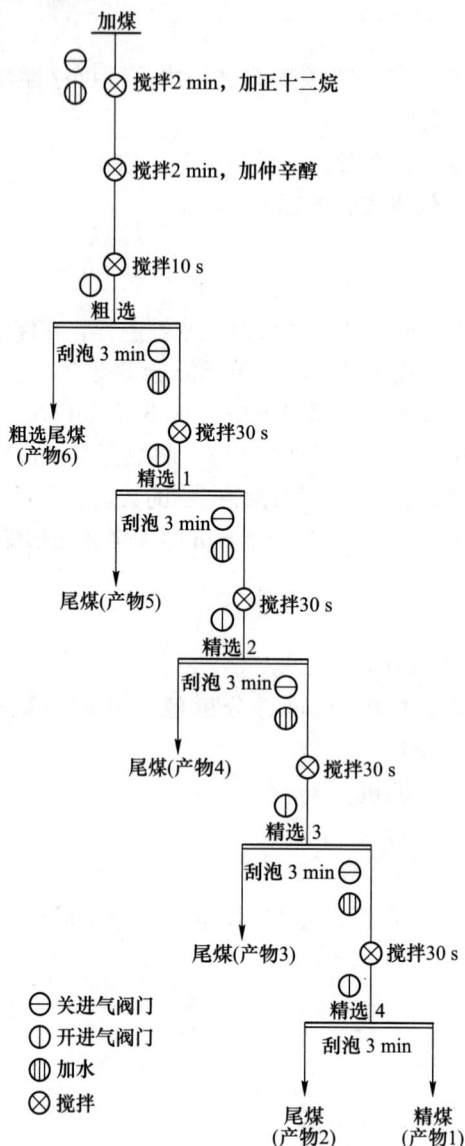

图 2-32　分步释放浮选实验流程

（二）实验过程

（1）固定实验条件：

实验用水：自来水。

矿浆温度：（20±10）℃。

浮选机叶轮转速：（1800±10）r/min。

刮泡转速：30 r/min。

矿浆与捕收剂搅拌时间：2 min。

（2）实验按照图 2-32 分步释放浮选实验流程进行。

（3）向浮选槽中加水至第二道标线，开动并调试浮选机，使叶轮转速、单位充气量达到规定值，停机，关闭进气阀门，放完浮选槽内的水。

（4）向浮选槽中加水至第一道标线，开动浮选机后向槽内加入称量好的煤样（精确至 0.1 g），搅拌至煤样全部润湿后，再加水使矿浆液面达到第二道标线。

（5）启动秒表计时，搅拌 2 min 后向矿浆液面下加入捕收剂，搅拌 2 min 后再向矿浆液面下加入起泡剂。

（6）搅拌 10 s 后，打开进气阀门，同时开始刮泡（人工刮泡或机械刮泡），随着泡沫层厚度的变化全槽宽收取精矿泡沫（切勿刮出矿浆），控制补水速度，使矿浆液面在整个刮泡期间保持恒定。刮泡后期用洗瓶将浮选槽壁黏附的泡沫冲洗到矿浆中。

（7）刮泡至 3 min 后，停止刮泡，关闭进气阀门和浮选机，粗选结束。将尾煤放至专门产品盆内，并标注为产物 6，沉积在浮选槽下部的颗粒要清洗至尾煤中。粘在刮板及浮选槽口边、槽壁的颗粒应收至泡沫产物中。

（8）将泡沫产物全部导入浮选槽内进行第一次精选，加水至矿浆液面达到第二道标线，开动浮选机搅拌 30 s 后打开进气阀门，同时开始刮泡，刮泡时间为 3 min。第一次精选结束，重复步骤（7），分别收集尾煤和精煤，尾煤标注为产物 5，精煤作为下一次精选的入料。

（9）重复步骤（8），依次精选出产物 4、产物 3、产物 2、产物 1。

（10）尾煤及各产物经澄清、过滤脱水后，置于 75 ℃的恒温干燥箱中进行干燥，冷却至空气干燥状态后称重并测定灰分，必要时应测定全硫。各产物的质量称准到 0.1 g，产率、灰分、硫分的数据取小数点后两位。

（11）当产物 4 的产率大于 40%时，则需另做在精选 2 环节补加捕收剂（按每吨干煤泥计）200 g/t 的实验；当产物 1 的产率大于 50%时，则需另做精选 5 和精选 6 的实验。

（12）平行实验两次。

五、实验中注意事项

（1）在多次精选过程中，应特别重视清洗和过滤工序，严防试样损失。要求将清洗用水量控制到最低，同时又要把设备、器具清洗干净。过滤时，要使滤饼面积最小。

（2）考虑多次精选会造成物料损失，当待测煤样的粗选精煤泡沫量较少（由于粗选浓度偏低或粗选精煤产率偏低）时，可将粗选重复 2~3 次，然后将粗选精煤泡沫和粗选尾煤浆分别集中收集，集中后的粗选精煤泡沫产品再进行精选。

（3）为简化操作，一般可按照经验估计，第一次加捕收剂和起泡剂的 60%，通过浮选刮泡，观察浮选槽中尾矿水的颜色，若出现淡黄色，则粗选过程结束。否则，再次少量加捕收剂和起泡剂，继续浮选。精煤与第一次粗选精煤合并，若出现淡黄色，则粗选过程结束。否则，再次少量加捕收剂和起泡剂，继续浮选，直至浮选尾矿出现淡黄色。

六、数据处理

（1）绘制分步释放浮选实验流程图，并标注产品编号。按表 2-42 记录整理分步释放浮选实验原始数据。

表 2-42　分步释放浮选实验数据记录表

产物编号	第一次实验结果						第二次实验结果					
	质量/g	产率/%	灰分/%	累计产率/%	累计灰分/%	全硫/%	质量/g	产率/%	灰分/%	累计产率/%	累计灰分/%	全硫/%
1												
2												
3												
4												
5												
6												

（2）实验误差分析：

1）实验质量误差：实验煤样（入料）质量与产物1~产物6质量之和的误差不得大于4%。

2）实验煤样与产物加权平均灰分允许误差应符合如下规定：实验煤样（入料）灰分小于或等于20%时，相对误差不得超过5%；实验煤样（入料）灰分大于20%时，绝对误差不得超过1%。

3）平行实验产物1~产物5累计产率的绝对差值不得超过2%，平均灰分绝对差值不得超过0.5%，否则实验无效。

（3）经误差检验，平行实验结果、质量误差合格的数据，产率按算术平均法、灰分按加权平均法计算综合结果，并记录于表2-43中。

表 2-43　分步释放浮选实验综合结果记录表

煤样名称：_____；采样日期：_____；煤样灰分：_____%；煤样全硫：_____%；
煤样质量：_____g；煤样全水分：_____%

项目	产物1	产物2	产物3	产物4	产物5	产物6	计算入料
产率/%							
灰分/%							
累计产率/%							
平均灰分/%							
全硫/%							

（4）应用综合结果绘制分布释放浮选曲线。

七、实验报告

（1）简述实验原理及分步释放浮选实验的主要操作步骤和注意事项。

（2）对分步释放浮选实验报告表中的实验数据进行误差分析及综合计算。

（3）利用综合计算数据，绘制分步释放浮选曲线。

（4）完成思考题及实验小结。

八、思考题

（1）什么是煤泥的实际可浮性？为什么用一次粗选、多次精选的流程可以分离出实际可浮性不同的产品？

（2）煤泥可浮性曲线与煤泥可选性曲线中的浮物曲线有何区别？怎样用它们评价浮选效果？

实验 2-24　煤泥浮选工艺条件优化实验

一、实验要求

学习并初步掌握正交实验设计及对实验结果的分析方法，确定浮选工艺条件优化组合方案。

二、基本原理

影响浮选效果的工艺条件因素有很多，对煤泥浮选而言，可在实验室内考察的因素有药剂种类、药剂用量、加药方式、矿浆浓度、充气量、搅拌强度、调浆时间等。考虑到实验设备、人力和时间，不宜将所有工艺条件均组织在一个实验个数很多的正交表中，而是应先把条件分组，再分别组织在不同的正交表中进行优选。对实验结果进行直观分析、方差分析，可判断因素的显著性，并找到优化组合方案。

三、仪器设备与材料

（1）实验室用浮选机（XFD-1.5）。

（2）微量注射器（容量为 0.25 mL，分度值为 0.01 mL），微量进样器（容量为 0.025 mL，分度值为 0.0005 mL）。

（3）可控温烘箱，真空过滤机。

（4）物料盆若干，天平 1 台。

（5）入浮试样 1 kg。

（6）浮选药剂：捕收剂用正十二烷，起泡剂用仲辛醇。

四、实验步骤

在煤泥浮选工艺条件优化实验中，对每一个单元浮选实验，一般是采用一次粗选流程，其浮选过程见图 2-33。

具体实验步骤如下：

（1）根据浮选工艺条件优化实验的目的，确定评价实验效果的指标（如精煤产率和灰分）。

（2）确定考察的实验因素，例如考察捕收剂用量、起泡剂用量、浮选矿浆浓度等因素，用 $L_8(2^7)$ 安排三因素二水平正交实验。

（3）在表 2-44 中列出上述各因素不同水平的取值。

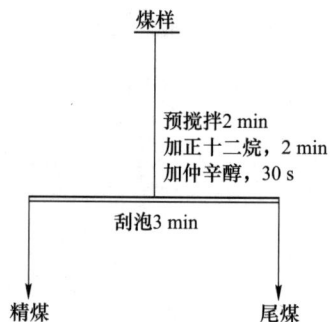

图 2-33　一次粗选流程

表 2-44　考察各因素不同水平取值表

水平	因素 A	因素 B	因素 C
	捕收剂用量/($g \cdot t^{-1}$)	起泡剂用量/($g \cdot t^{-1}$)	矿浆浓度/($g \cdot L^{-1}$)
1	200	80	50
2	300	120	100

（4）根据本实验用浮选机容量和选取的矿浆浓度水平取值，计算各矿浆浓度水平的实际煤样质量；根据计划药剂用量（g/t），计算对应各矿浆浓度水平的计划加药滴数，将计划加药滴数取整数后，折算出相应各矿浆浓度水平的实际药剂用量（见表 2-45）。

表 2-45　药剂用量折算表

矿浆浓度 /(g·L⁻¹)		水平 1				水平 2			
		50				100			
药剂水平		1		2		1		2	
药量单位		$g \cdot t^{-1}$	滴	$g \cdot t^{-1}$	滴	$g \cdot t^{-1}$	滴	$g \cdot t^{-1}$	滴
计划药剂用量	捕收剂								
	起泡剂								
实际药剂用量	捕收剂								
	起泡剂								

（5）根据已选用的 $L_8(2^7)$ 正交表进行表头设计（见表 2-46），并将各矿浆浓度水平下试样质量和实际加药滴数，以及其他因素各水平的取值填入表 2-46。

表 2-46　浮选工艺条件优化实验原始数据记录表

实验编号	考察因素							实验结果			
	A 捕收剂用量	B 起泡剂用量	A×B	C 矿浆浓度	A×C	B×C	E				
	1	2	3	4	5	6	7	产物	m_s/g	γ/%	A/%
1	水平 1	水平 1	水平 1	水平 1	水平 1	水平 1	水平 1	精煤			
								尾煤			
								总计			
2	水平 1	水平 1	水平 1	水平 2	水平 2	水平 2	水平 2	精煤			
								尾煤			
								总计			
3	水平 1	水平 2	水平 2	水平 1	水平 1	水平 2	水平 2	精煤			
								尾煤			
								总计			
4	水平 1	水平 2	水平 2	水平 2	水平 2	水平 1	水平 1	精煤			
								尾煤			
								总计			
5	水平 2	水平 1	水平 2	水平 1	水平 2	水平 1	水平 2	精煤			
								尾煤			
								总计			
6	水平 2	水平 1	水平 2	水平 2	水平 1	水平 2	水平 1	精煤			
								尾煤			
								总计			

续表 2-46

实验编号	考察因素							实验结果			
	A 捕收剂用量	B 起泡剂用量	A×B	C 矿浆浓度	A×C	B×C	E				
	1	2	3	4	5	6	7	产物	m_s/g	$\gamma/\%$	$A/\%$
7	水平 2	水平 2	水平 1	水平 1	水平 2	水平 2	水平 1	精煤			
								尾煤			
								总计			
8	水平 2	水平 2	水平 1	水平 2	水平 1	水平 1	水平 2	精煤			
								尾煤			
								总计			

五、实验中注意事项

（1）严格执行操作程序，尽量减少操作误差。

（2）组织实验时，对变更水平操作复杂的因素，其相同水平的实验集中进行可节省时间。

六、数据处理

按表 2-45、表 2-46 格式记录、整理浮选工艺条件优化实验的原始数据。

七、实验报告

（1）简述实验目的、实验计划和实验操作的固定条件。

（2）用表格列出浮选工艺条件下优化实验结果，并对实验结果进行直观分析与方差分析。

八、思考题

（1）分析不同药剂用量对浮选结果的影响。

（2）根据上述分析，确定本实验的最佳工艺条件组合。分析进一步改善浮选效果的途径。

固液分离实验

实验 2-25　煤泥水沉降实验

一、实验要求

（1）掌握煤泥水沉降实验的基本操作方法。
（2）了解实验用絮凝剂的性质和作用机理。
（3）学习絮凝剂的配制过程和方法。

二、基本原理

在煤泥水中加入高分子絮凝剂后，其中细小颗粒在絮凝剂的作用下相互聚成较大的絮团，随着絮团的增大，沉降速度逐渐加快，煤泥沉降过程中出现明显的澄清界面，由澄清界面的下降速度可给出沉降时间与澄清界面下降距离的曲线——沉降曲线。

三、仪器设备与材料

（1）带玻璃塞的磨口圆柱形量筒，容量为 500 mL。
（2）烧杯与锥形瓶，容量分别为 500 mL 和 250 mL。
（3）磁力搅拌器，调速范围在 250~1000 r/min。
（4）直管吸管，容量为 20 mL。
（5）注射器，容量为 1 mL、5 mL、20 mL。
（6）称量瓶，60 mm×30 mm。
（7）蛇形日光灯，8 W。
（8）粉状聚丙烯酰胺。
（9）小于 0.5 mm 浮选尾煤煤样。

粉状聚丙烯酰胺水溶液的配制：摇动盛有粉末状絮凝剂的试剂瓶，使之混合均匀。用牛角勺以最少的次数将絮凝剂装进已知质量的洁净而又干燥的称量瓶中，称取 0.25 g，同时按 0.1% 的溶液浓度以式（2-57）求出稀释水的体积（添加水量）：

$$V_p = \frac{m(c - c_p)}{c_p} \tag{2-57}$$

式中　V_p——添加水量，mL；

$\quad\quad m$——称量的商品絮凝剂的质量，g；

$\quad\quad c$——商品絮凝剂的纯度（以小数表示）；

$\quad\quad c_p$——所配制的絮凝剂水溶液浓度。

使用量筒称量所求出的稀释水并将其注入 500 mL 烧杯中，再将烧杯置于磁力搅拌器上，放入搅拌磁棒，开启磁力搅拌器，调整转速使液体产生合适涡流。再将称好的絮凝剂均匀地分撒在涡流面上，待絮凝剂全部撒完后，将磁力搅拌器转速调至 300~400 r/min，搅拌 2 h，使絮凝剂颗粒完全溶解。若搅拌完毕后仍有未溶解的聚团颗粒，此溶液作废，重新配制。

四、实验步骤

（1）称取煤样 40 g。

（2）按药剂配制方法配制浓度为 0.1% 的聚丙烯酰胺 100 mL。

（3）将称好的煤样仔细倒入 500 mL 量筒中，添加清水至 500 mL 刻度。上下倒置，直至煤泥全部润湿并分散在水中为止。

（4）用普通坐标纸制成纸带，黏附于 500 mL 量筒壁上，以液面为原点，单位为 mm，方向向下建立纵坐标系。

（5）将蛇形日光灯管扭成垂直状，开启开关，放置在量筒附近，以观察量筒澄清界面的形成和下降情况。

（6）量筒静置，用移液管抽出与所加絮凝剂溶液体积相同的澄清液。

（7）根据 1 g/m^3、3 g/m^3、10 g/m^3 的药剂单元耗量计算，分别用注射器吸取絮凝剂溶液，一次性加入待实验的量筒中，盖紧玻璃塞。

（8）将量筒上下翻转 5 次，转速以每次翻转时气泡上升完毕为准。

（9）当翻转结束后，迅速将量筒立于日光灯管前，并立即开始计时。

（10）每经过 5~10 s 记录一次澄清界面的下降位置。开始时沉降速度较快，以 5 s 为记录间隔，待澄清界面接近压缩区时，再以 10 s 为记录间隔，直至沉淀物的压缩体积不发生明显变化时为止。

（11）本实验如需提出正式报告，需做平行实验。

五、实验中注意事项

（1）固体聚丙烯酰胺用量少，称量时要求准确到 0.01 g。

（2）在聚丙烯酰胺水溶液的配制搅拌过程中，如出现丝状絮状物，应继续搅拌，直至其完全溶解。

（3）在量筒上下翻转过程中，翻转次数、力度和时间应基本一致。

（4）量筒翻转结束，立即放置于蛇形日光灯前并启动秒表计时。

（5）在沉降最后阶段，沉降速度特别慢，一定要继续记录时间和距离，否则水平线段无法绘制。

（6）测量上清液浓度时，抽取澄清液要避免抽出液面下悬浮的煤粒。

六、数据处理

（1）将实验数据填入表 2-47 中。

表 2-47　煤泥水沉降实验数据记录表

| 序号 | 药剂用量/(g·m⁻³) | | | | | |
| | 1 | | 3 | | 10 | |
	t/s	h/mm	t/s	h/mm	t/s	h/mm
1						
2						
3						
4						
5						
6						
7						
8						
9						
10						
11						
12						
13						
14						
15						
16						
17						

（2）以澄清界面下降距离（清水层高度）为纵坐标、沉降时间为横坐标绘制沉降曲线（见图 2-34）。

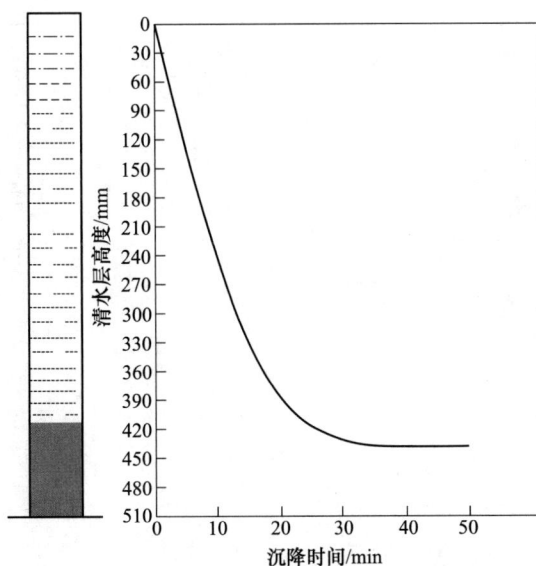

图 2-34　煤泥水沉降曲线

（3）计算初始沉降速度。在沉降曲线上，沉降起始点至压缩状态出现之前的线段内，以直线段部分的斜率作为初始沉降速度值。

（4）两次平行实验的相对误差不得超过 8%，以算术平均值作为实验基础数据。

七、实验报告

（1）简述实验目的和主要操作过程。

（2）以澄清界面下降的累计距离和相应的累计沉降时间各组数据值在坐标纸上作图，画出沉降曲线。

（3）完成思考题及实验小结。

八、思考题

（1）此实验中，如煤泥中细泥含量较高，沉降后的澄清液会出现什么现象？从理论上分析原因。如果要使澄清液变清，可采用什么方法？

（2）高分子絮凝剂的作用机理是什么？絮凝剂的相对分子质量对其性能有何影响？

（3）比较絮凝和凝聚的区别。

实验 2-26 煤泥水过滤脱水实验

一、实验要求

（1）了解煤泥水过滤脱水实验装置的基本原理，掌握过滤实验的基本操作过程。

（2）了解判断过滤脱水难易程度的方法。

（3）掌握细粒物料过滤特性的测定方法。

二、基本原理

真空过滤是固液分离的常用方法，通常用过滤特性来表征物料真空过滤脱水的难易程度。过滤过程中过滤的阻力是变化的：

（1）过滤的开始阶段，滤液通过过滤介质时受到过滤介质（如滤布等）的阻力。

（2）当过滤介质表面形成滤饼以后，滤液则必须同时克服过滤介质和滤饼阻力。

（3）当滤饼厚度增加到相当程度时，滤饼的阻力将成为主导，过滤介质阻力的影响程度将逐渐减弱，甚至可以忽略。

一般用滤饼的体积比阻 γ 作为细粒物料过滤性能的评价指标。滤饼的体积比阻 γ（m^{-2}）是指悬浮液中黏度为 1 Pa·s 的液相以 1 m/s 的速度通过厚度为 1 m 的滤饼层所需要的压差（真空度），即

$$\gamma = \frac{2pM}{\mu X} \tag{2-58}$$

式中 γ——滤饼的体积比阻，m^{-2}；

p——真空度，Pa；

M——t_i'/V_i'-V_i'图的斜率（也可用最小二乘法计算），s/m^2；

μ——滤液的动力黏度，Pa·s（20 ℃时近似取 $\mu = 1.135 \times 10^{-3}$ Pa·s）；

X——滤饼体积与滤液容积的比值。

三、仪器设备与材料

（1）过滤装置（见图 2-35）：真空泵，具小孔玻璃板布氏漏斗（1 L，24 号，ϕ11 cm），标口锥形瓶（1 L，24 号）。

（2）电子台秤（最小分度值为 0.01 g），烘箱，电磁炉。

（3）深度游标卡尺（最小分度值为 0.02 mm），秒表，ϕ11 cm 滤纸。

（4）烧杯（2000 mL），量筒（500 mL），玻璃棒，湿式分样器（或二分器）。

（5）细粒物料：-0.5 mm 浮选精煤与浮选尾煤各 2 kg 待用，也可选用其他细粒物料。

四、实验步骤

（1）对实验装置系统进行检查、调试，判断是否漏气。

（2）将浮选精煤配成 300 g/L 浓度的煤浆 2000 mL，煤样粒度小于 0.5 mm。

（3）将两张 ϕ11 cm 滤纸严实平铺在具小孔玻璃板布氏漏斗底部，称量漏斗及滤纸的质量 m_1。

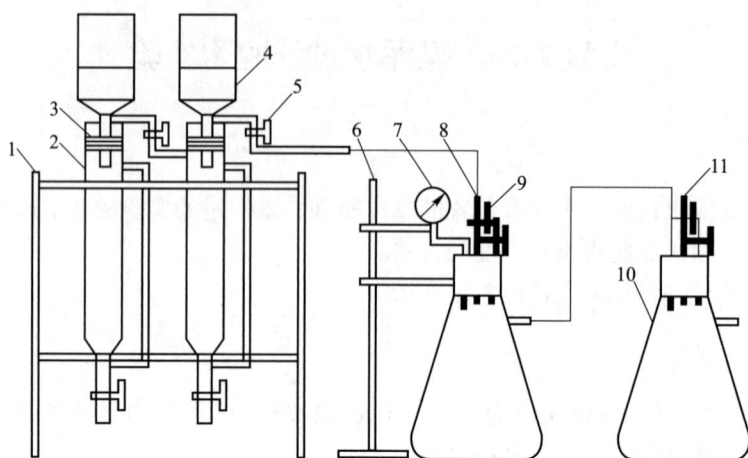

图 2-35 过滤装置示意图

1, 6—架子；2—滤液计量管口；3—橡皮塞；4—布氏漏斗；5, 11—二通活塞；
7—真空表；8—三通活塞；9—调节阀；10—吸滤瓶

（4）用二分器缩分 500 mL 煤浆，倒入量筒中，上下翻转 5 次，使煤样彻底润湿；一次性注入布氏漏斗中，同时打开真空泵开关，使滤瓶内产生负压。

（5）打开真空泵的同时记录滤液体积（V_i）和时间（t_i），直至滤饼表面可见水分消失，立即关闭真空泵，过滤结束。

（6）用深度游标卡尺测量滤饼不同对称位置 8 个点的厚度，并称量漏斗、滤纸及滤饼的总质量 m_2，则滤饼的质量为 $m = m_2 - m_1$。

（7）计算滤饼密度，即

$$\rho_1 = \frac{m}{AH} \tag{2-59}$$

式中 ρ_1——滤饼密度，kg/m^3；

A——滤饼面积（滤板面积），m^2；

H——滤饼 8 个点厚度的平均值，m；

m——滤饼质量，kg。

（8）煤浆试样质量分数的测定：用二分器缩分 500 mL 煤浆，称量煤浆试样质量 m_3 后放入 1000 mL 烧杯中，用电磁炉加热，待大部分水蒸干后，放入烘箱中，温度控制在 105~110 ℃，干燥 1~1.5 h，然后取出放入干燥皿中冷却至室温，再称烘干后的试样质量 m_4，试样质量分数按照式（2-60）计算：

$$w = \frac{m_4}{m_3} \times 100\% \tag{2-60}$$

式中 w——试样质量分数，%；

m_4——烘干后的试样质量，kg；

m_3——煤浆试样质量，kg。

（9）测量滤饼全水分。用棋盘法取滤饼样放入称量瓶中，烘箱温度控制在 105~110 ℃，干燥 1~1.5 h，然后取出放入干燥皿中冷却至室温，测滤饼全水分 M_t。

（10）实验结束，整理实验装置。

五、实验中注意事项

（1）煤泥过滤装置要连接密实，不得漏气。

（2）煤浆最好提前 1~2 h 配好，放置待用。

（3）上下翻转量筒润湿煤样，每次翻转时气泡上升完毕方可进行下一次翻转。

（4）进行实验时要分工明确，过滤液体积 V_i 和过滤时间 t_i 要同时记录。

（5）如实验中煤浆为配制样，则试样质量分数可由加入水的质量及干煤样质量计算获得。

六、数据处理

（1）将过滤脱水实验数据记录于表 2-48 第 1~2 栏中。滤饼厚度测定数据记录于表 2-49 中。

表 2-48　过滤脱水实验数据记录表

试样基本情况	试样体积：_____ m³；煤浆浓度：300 g/L				
过滤实验条件	滤板直径：_____ m；真空度：_____ Pa； 水温：_____ ℃；滤液动力黏度：$\mu = 1.135 \times 10^{-3}$ Pa·s				
过滤液体积 V_i/mL	过滤时间 t_i/s	校正后单位面积上的 过滤液体积 V_i'/m	校正后的过滤时间 t_i'/s	$\dfrac{t_i'}{V_i'}$/(s·m⁻¹)	$(V_i')^2$ /m²
1	2	3	4	5	6

表 2-49　滤饼厚度测定数据记录表　　　　　　　　　　（mm）

1	2	3	4	5	6	7	8	平均值

（2）按照式（2-59）和式（2-60）计算滤饼密度 ρ_1 和试样质量分数 w。

（3）计算滤饼体积与滤液容积的比值 X：

$$X = \frac{\rho_2 w}{\rho_1 (100\% - M_t - w)} \tag{2-61}$$

式中　ρ_1，ρ_2——滤饼和滤液的密度，kg/m³（$\rho_2 = 1012$ kg/m³）；

　　　　w——煤浆试样质量分数，%；

　　　　M_t——滤饼全水分，%。

（4）绘制 t_i'/V_i'-V_i'图，确定其斜率 M（或最小二乘法求得）：对过滤液体积（V_i）和过滤时间（t_i）进行校正，校正公式如下：

$$V_i' = \frac{V_i - V_1}{A} \tag{2-62}$$

$$t'_i = t_i - t_1 \tag{2-63}$$

式中　　V'_i ——校正后单位面积上的过滤液体积，m；

　　　　V_i ——某一时间的过滤液体积，mL；

　　　　V_1 ——第一次测得的过滤液体积，mL；

　　　　A ——滤板面积，m^2；

　　　　t'_i ——校正后的时间，s；

　　　　t_i ——某一测定时间，s；

　　　　t_1 ——第一次测定过滤液体积时的时间，s；

　　　　i ——测点数（$i=1,2,3,\cdots,n$）。

根据式（2-62）和式（2-63）对表 2-48 中第 1~2 栏数据进行校正，得出第 3~4 栏数据，用第 4 栏数据除以第 3 栏数据得第 5 栏数据，即 t'_i/V'_i 比值。

以第 5 栏数据作纵坐标、第 3 栏数据作横坐标，绘出 t'_i/V'_i-V'_i 图。

t'_i/V'_i-V'_i 图为一直线，其斜率为 M。M 也可用最小二乘法求出，其计算式如下：

$$M = \frac{\sum\limits_{i=1}^{n} V'_i \sum\limits_{i=1}^{n} (t'_i/V'_i) - n \sum\limits_{i=1}^{n} t'_i}{\left(\sum\limits_{i=1}^{n} V'_i\right)^2 - n \sum\limits_{i=1}^{n} (V'_i)^2} \tag{2-64}$$

（5）利用式（2-58）计算滤饼的体积比阻 γ。

（6）平行实验测得的 γ 值误差不得超过 8%。

七、实验报告

（1）简述实验目的和过程。

（2）画出实验装置图，并说明各部分组件的作用。

（3）按照表 2-48 和表 2-49 记录数据，并进行相应计算。

（4）画出 t'_i/V'_i-V'_i 图并求出斜率 M（或用最小二乘法算出 M）。

（5）计算滤饼的体积比阻 γ。

（6）完成思考题及实验小结。

八、思考题

（1）负压过滤与正压过滤有什么区别？

（2）结合过滤理论分析影响过滤效果的因素。

（3）为什么要校正过滤液体积和过滤时间才能作图计算斜率？

其 他 实 验

实验 2-27　转筒法煤炭泥化实验

一、实验要求

（1）了解转筒法煤炭泥化实验装置的基本原理，掌握泥化实验的基本操作过程。

（2）掌握煤炭泥化的测定方法和判断依据。

（3）了解煤炭泥化产生的原因与过程。

二、基本原理

煤炭泥化是指煤或矸石浸水后碎散成细泥的现象。煤和矸石的泥化实验可分别采用转筒法和安氏法测定。这两种方法可用于烟煤、无烟煤和矸石的泥化指标测定。

转筒法煤炭泥化实验实际上是模拟选煤时煤炭由于运输、转载、用水浸湿、与煤或其他器壁的摩擦、碰撞等从大块变成小块的过程，并测定其产生−0.5 mm 粒级的含量，为选煤厂设计煤泥处理系统和设备选型提供依据。

基本原理是用四份粒度为 13~100 mm 的原煤（25±0.5）kg，按煤水比 1∶4 在高度为 1 m 的滚筒内以 20 r/min 的速度旋转 5 min、15 min、25 min 和 30 min，对产品进行 13.2 mm、0.5 mm 和 0.045 mm 筛分，称量和计算产率并测定 0.045 mm 细泥的灰分，观察煤泥水沉降情况。

三、仪器设备与材料

（1）转筒泥化实验装置 1 套：容量为 200 L、高 1 m、翻转速度为 20 r/min，如图 2-36 所示。

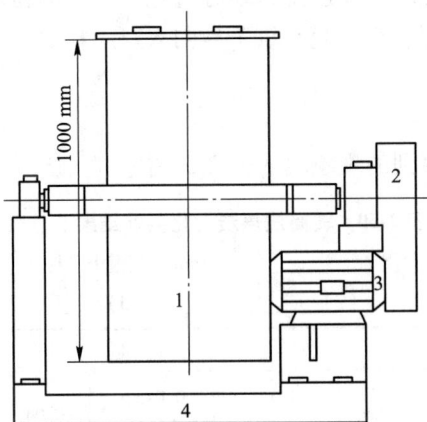

图 2-36　转筒大泥化实验装置示意图

1—转筒；2—变速装置；3—电机；4—底座

（2）实验筛：孔径为 100 mm、13.2 mm、0.5 mm 和 0.045 mm 的筛子各 1 个，湿式振筛仪 1 个。

（3）电子天平 1 台。

（4）变频调速器 1 台：0~50 Hz，功率为 7.5 kW。

（5）磅秤，水桶 5 个，搪瓷盆 1 个。

（6）烘箱（25~200 ℃）。

（7）量筒（1000 mL）。

（8）粒度大于 13 mm 的原煤：质量大于 200 kg。

四、实验步骤

（1）将原煤分别用 100 mm、13.2 mm 的筛子筛出 13.2~100 mm 的煤样 100 kg 左右，并缩分至四份，每份质量为（25±0.5）kg，将缩制过程中产生的粉末按比例均摊到各份试样中。

（2）检查和调试系统，看转筒的密封是否完好。

（3）在转筒中放入一份试样，同时加入 100 kg 水，将转筒盖盖紧，然后启动转筒，将速度调至 20 r/min，开始计时。

（4）翻转到 5 min 后，停止翻转转筒，将桶内的试样倒出过筛，分成 +13.2 mm、0.5~13.2 mm、0.045~0.5 mm 和 -0.045 mm 四个产品；筛分时加喷水以保证筛分完全。

（5）将各粒级产品烘干，晾至空气干燥状态，称重（准确到 0.05 kg）。

（6）从 -0.045 mm 细煤泥中采样，测定其灰分。

（7）然后分别将第二、三、四份样品加入转筒重复上述实验过程，转筒翻转时间分别为 15 min、25 min 和 30 min。

（8）结束实验，整理仪器，清理实验现场。

五、实验中注意事项

（1）泥化实验样品分配时，要注意将缩分过程中产生的粉末物料均摊到各份试样中。

（2）将筛分煤泥水分别收集，脱水烘干后归入对应粒级。

六、数据处理

（1）将实验结果和观察到的现象填入表 2-50 中。

表 2-50　转筒法煤炭泥化实验结果汇总表

试样名称：_____；试样粒度：_____ mm；实验日期：_____ 年___月___日；

试样质量（kg）：（1）_____，（2）_____，（3）_____，（4）_____

序号	翻转时间 /min	产率/%					-0.045 mm 煤泥灰分/%
		+13.2 mm	0.5~ 13.2 mm	0.045~ 0.5 mm	-0.045 mm	小计	
1	5						
2	15						

序号	翻转时间 /min	产率/%					−0.045 mm 煤泥灰分/%
		+13.2 mm	0.5~ 13.2 mm	0.045~ 0.5 mm	−0.045 mm	小计	
3	25						
4	30						
观察结果							
顶底板、夹石特征							

　　（2）数据整理及精度检验：各产品的质量之和与入料质量的误差不得超过 3%；以各产品质量分数之和为 100%，分别计算其产率。

　　（3）绘制煤泥产率与转筒翻转时间的关系曲线。

七、实验报告

　　（1）试述原生煤泥、次生煤泥、浮沉煤泥和破碎煤泥分别是怎么产生的。

　　（2）画出实验装置图，并说明各部分组件的作用。

　　（3）按照表 2-50 记录数据，并进行相应计算。

　　（4）完成思考题及实验小结。

八、思考题

　　（1）煤的泥化程度与煤的硬度是否为同一个概念?

　　（2）如何从煤炭大筛分表中初步判断出矸石泥化和煤炭泥化的严重程度?

　　（3）泥化与煤炭易碎的概念是否相同?

实验 2-28　水煤浆成浆实验

一、实验要求

了解水煤浆制浆原理、成浆特性。

二、基本原理

要制出符合性能要求的水煤浆，单用细煤粉与水简单混合是无法实现的，还必须采取一些特殊的技术措施，主要有以下几项：

（1）要使煤与水混为一体，至少必须使煤粒全部为水所浸润。通常煤颗粒间有较多空隙，水首先要将这些空隙充满才可浸没全部煤粒，所以耗水量大，难以制成高浓度水煤浆。为了提高制浆浓度，必须使煤颗粒间空隙少。使空隙最少的技术称为"级配"，是制浆的关键技术之一。其中涉及两点：一是要能判定什么样的粒度分布颗粒间空隙少；二是如何根据给定的煤炭性质与粒度组成，制定合理的制浆工艺，选择磨碎设备的类型，设计磨机的结构与运行参数，使之能达到颗粒间空隙少的粒度分布。水煤浆颗粒级配如图 2-37 所示。

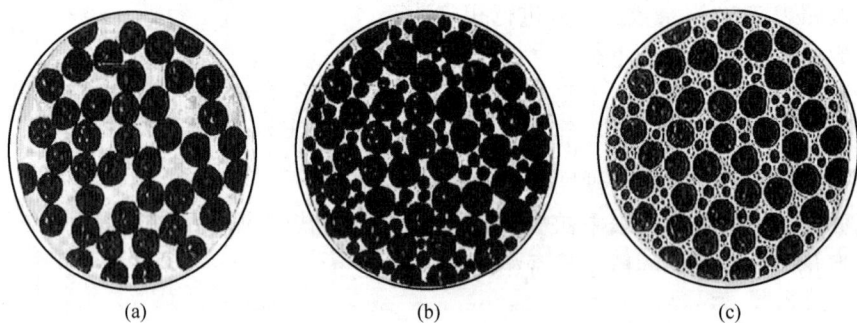

图 2-37　水煤浆颗粒级配示意图
（a）只有大颗粒；（b）填充细颗粒；（c）填充细颗粒和超细颗粒

（2）煤炭的主体是有机质，它是结构十分复杂的大分子烃类化合物。这些有机质的表面具有强烈的疏水性，不易为水所润湿。细煤粉又具有极大的比表面积，在水中很容易自发地彼此聚结，这就使煤粒与水不能密切结合成为一种浆体，在较高浓度时只会形成一种湿的泥团。因此，制浆中必须加入少量的化学添加剂，即分散剂，以改变煤粒的表面性质，使煤粒表面紧紧地被添加剂分子和水化膜包围，让煤粒均匀地分散在水中，防止煤粒聚结，并提高水煤浆的流动性。由于各地煤炭的性质千差万别，适用的添加剂会因煤而异，不是一成不变的。

（3）煤浆毕竟是一种固液两相粗分散体系，煤粒又很容易自发地彼此聚结，在重力或其他外力作用下，很容易发生沉淀。为防止发生硬沉淀，必须加入少量的化学添加剂，即稳定剂。稳定剂有两种作用：一方面使水煤浆具有剪切变稀的流变特性，即当静置存放时水煤浆有较高的黏度，开始流动后黏度又可迅速降下来；另一方面是使沉淀物具有松软的结构，防止产生不可恢复的硬沉淀。从以上可以看出，煤炭的制浆效果与煤炭本身的理化性质有着密切关系，制浆用原料的性质直接影响水煤浆的质量与生产成本。因此，建设制浆厂时，根据用户对煤浆质量的需求以及煤炭成浆性规律合理选择制浆用煤是十分重要的。从燃烧角度考虑，制浆用煤的挥发分不能太低，锅炉用水煤浆通常要求挥发分大于28%，否则煤浆不易稳定燃烧。此外，为防止炉内结渣，对于大多数采用固态排渣的炉子，要求煤炭的灰熔点（t_2）高于 1250 ℃。至于煤炭的发热量、灰分与硫分指标，则应根据用户的需求而定。煤炭的成浆性需对有代表性的煤样进行专门的试验研究后才能判定。一般来说，煤炭的内在水分越低，可磨性越好，煤中氧含量越低，则成浆性越佳。

三、仪器设备与材料

烧杯、玻璃棒、粗粒级煤样、细粒级煤样、添加剂、干燥箱、称量瓶、分析天平、干燥器、旋转黏度计、恒温器。

四、实验步骤

（1）取粗粒级煤样 10 g 放入烧杯中，加水 5 mL，用玻璃棒搅拌，观察现象，然后加入添加剂 0.1 g 用玻璃棒搅拌，观察现象。

（2）取细粒级煤样 15 g 放入烧杯中，加水 7 mL，用玻璃棒搅拌，观察现象，然后加入添加剂 0.1 g 用玻璃棒搅拌，观察现象。

（3）将上面两个实验样合在一起，用玻璃棒搅拌，观察现象。

（4）调节恒温器，使温度恒定在规定的实验温度 20 ℃。

（5）对水煤浆专用黏度计，则按仪器要求，将适量搅拌均匀的水煤浆试样加入测量容器中（对多测量范围的通用黏度计，则需先选择范围适合的测量系统）。加入的水煤浆量以其刚好淹没整个内筒为准（或根据仪器要求控制水煤浆量），且各次测定的水煤浆液面位置应一致。连接好测量装置，将容器置于温度为（20±0.1）℃的恒温器中静置 5 min。

（6）启动旋转黏度计，将剪切速率调节到 100 s^{-1}，开始以 12 s 间隔记读数，共 6 次。从黏度计标定曲线查出每次读数相应的黏度值。

五、实验中注意事项

（1）改变煤粒度分布对提高水煤浆的浓度、降低水煤浆的黏度有显著的效果，但要得到双峰粒度分布的粉煤将给实际制备带来一定的困难。

（2）水煤浆黏度会随温度升高而下降，这可能是水煤浆蒸发、增浓从而增黏的缘故。

（3）制备时可采用添加稳定剂、延长搅拌时间、增加搅拌次数的方法来提高水煤浆的稳定性。

六、数据处理

取所有记录数值，按式（2-65）计算表观黏度值：

$$\eta_{100 \ s^{-1}} = \frac{\sum\limits_{i=1}^{n} \eta_i}{n} \tag{2-65}$$

式中　$\eta_{100 \ s^{-1}}$——水煤浆在 100 s^{-1} 剪切速率下的表观黏度，mPa·s；

η_i——第 i 分钟的表观黏度测定值，mPa·s；$i=1$，2，…，6；

n——读数次数，6。

根据测定值从校准曲线中查得校正后的表观黏度值。以两次重复测定的表观黏度值的平均值修约到整数位报出，记录在表 2-51 中。

表 2-51　水煤浆表观黏度记录表

读数次数	1	2	3	4	5	6	$\eta_{100\ s^{-1}}$
表观黏度 /(mPa·s)							

七、实验报告

（1）简述实验目的和过程，解释实验现象。

（2）按照表 2-51 记录数据，并进行相应计算。

（3）完成思考题及实验小结。

八、思考题

（1）成浆颗粒为何要有级配？

（2）添加剂的作用机理是什么？

（3）水在水煤浆中的作用是什么？对燃烧有何影响？

第三章 金属矿和非金属矿分选实验

实验 3-1 金属矿磁选实验

一、实验要求

磁选广泛应用于黑色金属矿石的分选、有色金属矿石和稀有金属矿石的精选，并在磁性物作为加重质的重介质选矿中用以净化和回收重介质。磁选实验要求确定在磁场中分离矿物时最适宜的入料粒度、从不同粒级中分出精矿和废弃尾矿的可能性、中间产品的处理方法、磁选前物料的准备（如筛分和分级、除尘和脱泥、磁化焙烧、表面药剂处理等）、磁选设备、磁选条件和流程等。

二、基本原理

磁选是根据各种矿物磁性的差异，使不同矿物在不均匀磁场中受到的磁力和机械力不同而获得分选的一种分选方法。

矿物颗粒在磁场的作用下会从不表现磁性变为具有一定磁性，这是因为矿物颗粒内原子磁矩会按磁场方向排列。根据矿物的比磁化系数可以按其磁性的强弱分为强磁性矿物、弱磁性矿物和非磁性矿物。强磁性矿物的比磁化系数大于 35×10^{-6} m^3/kg，此类矿物属于易选矿物，可用 0.15 T 的弱磁场磁选机分选；弱磁性矿物的比磁化系数在 $0.1 \times 10^{-6} \sim 7.5 \times 10^{-6}$ m^3/kg 之间，此类矿物可选性差异较大，可用 $0.5 \sim 2.0$ T 的磁选机进行分选；非磁性矿物的比磁化系数小于 0.1×10^{-6} m^3/kg，现有的磁选设备不能对其进行有效的回收。

将比磁化系数和矫顽力不同的矿物放入具有一定场强（交变、交直流叠加）的磁场内，利用矿物在场内的磁性差异，产生不同的状态（吸引、排斥或以不同的速度向四周扩散运动），而达到分选矿物的目的。

三、仪器设备与材料

（1）磁选管（结构见图 3-1）：磁场强度最高为 $160 \sim 240$ kA/m，玻璃管直径为 $40 \sim 100$ mm。

（2）湿式强磁力分析仪：磁场强度调节范围为 $0.15 \sim 2.3$ T，最大处理能力为 10 kg/h。

（3）手动干式磁力分析仪：磁场强度一般在 $0.1 \sim 1.8$ T 之间（最高可达 2 T 以上）。

（4）自动磁力分析仪：磁场强度可在 $0.01 \sim 2$ T 范围内均匀调节。

（5）交直流电磁分选仪：使用 220 V 交流电压。

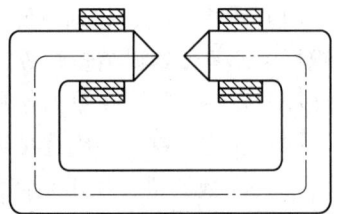

图 3-1 磁选管结构示意图

四、实验步骤

（一）磁选管实验

（1）预先调浆：取适量（对于ϕ40 mm 左右的磁选管，以在内壁上吸2~3 g 磁性产物为宜；对于ϕ100 mm 左右的磁选管，一般为7~8 g）有代表性的细磨样品装入烧杯内进行预先调浆，搅拌使其充分分散。

（2）参数调整：将水导入玻璃管内，通过调节玻璃管上下端橡皮管夹子，使玻璃管内水的流量保持水面稳定在磁极上方30 mm 左右；接通直流电源并调节到预定值后开始给矿。

（3）给矿：先将烧杯中的矿泥部分缓慢地由玻璃管的上端冲洗到管内，待矿泥部分给完后再给沉于杯底的矿砂。

（4）尾矿排料：磁性矿粒在磁力的作用下被吸引在极间的管内壁上，而非磁性矿粒则随冲洗水从玻璃管下端排出，成为尾矿。

（5）循环：继续将玻璃管做往复的上下移动和转动，使物料得到更好的清洗。

（6）精矿排料：当清洗到管内的水清晰、不混浊时，停止给水，放出管中的水，更换接矿器，切断直流电源，洗出磁性产品，作为精矿。

（7）产品处理：磁性产品和非磁性产品分别脱水烘干称重取样送化学分析，求出磁性部分在原样品中的含量并评定磁选分离效果。

（二）湿式强磁力分析仪实验

（1）操作：整个操作过程包括给矿、分选、清洗、排矿、转换排矿漏斗位置等，均由数字计时器按预先给定的程序自动控制。

（2）称重计算：将磁性产品、非磁性产品烘干、称重，分别送化验。

（三）手动干式磁力分析仪实验

（1）给矿：取1~3 g 矿砂在玻璃板上薄铺一层，并送进工作间隙。

（2）调节：根据样品粒度调节齿极与玻璃板上矿层之间的距离。

（3）磁吸：通入预定值的激磁电流，将玻璃板贴着平极来回做水平运动，使磁性矿粒吸在齿极上。

（4）精矿回收：取出给矿玻璃板，再换上另一块接精矿的玻璃板后切断电流，吸在齿极上的磁性矿粒落在玻璃板上，即为精矿。样品质量较大或粒度较细时，一份试样分几次做完，做完后称重，即可计算各产品的质量分数。

（四）自动磁力分析仪实验

（1）预先准备：接通励磁直流电源和振动给矿器的低压交流电源，使分选槽处于不均匀磁场中，并使给矿器进行纵向振动。强磁性矿粒在磁力作用下流向外侧强磁场区，而非磁性和弱磁性矿粒则在重力作用下流向分选槽内。因此，从分选槽中流出的矿粒分别为两种不同磁性的矿粒，即磁选精矿与尾矿。

（2）参数调整：使用副样调整励磁电流强度、振动给矿器的电流强度以及分选槽的纵向和横向坡度，使分选槽内的矿砂分带明显。在确定磁场强度和振动强度后，如果出现堵矿现象，应适当增大纵向坡度；如果磁性产品的产率较高，则应适当增大横向坡度。

（3）正式操作：调整完毕后，切断电流，清洁分选槽和磁极头，然后重新接通励磁直流电源和振动给矿器电源。将正式样品装入矿杯，开始进行分选操作。

（4）分选完成：分选操作结束后，切断电源，卸下振动分选槽，并将吸附在上面的少量物料刷入相应的磁性或非磁性接矿杯中。

（5）称重计算：最后，将磁性产品和非磁性产品分别称重，计算它们的质量分数。

（五）交直流电磁分选仪实验

（1）物料处理：首先将物料经筛分、除尘、烘干等处理。

（2）预磁处理：有些物料需先在较大直流磁场中预磁，使其具有一定的剩磁感应强度。

（3）参数调节：调节磁极端面与分选盘间的距离和角度，接通交直流激磁线圈电源，适当调节电压、电流大小，使磁极端面产生符合要求的叠加复合磁场（一般可调范围为 $0 \sim 0.09$ T）。

（4）给矿与分选：调节给矿量大小，接通分选盘电源，将分选盘调节到所需要的振幅。

（5）排矿：物料经多次分选后，分别对精矿和尾矿进行回收。

（6）称重计算：最后，将磁性产品和非磁性产品分别称重，计算它们的质量分数。

五、实验中注意事项

（1）实验过程中物料一定要混合均匀。

（2）由于磁性矿粒所受的磁力随齿极与矿粒之间的距离减少而急剧增加，所以在操作过程中，玻璃板应始终贴着平极移动，使整个操作过程在磁力相同的条件下进行。

六、数据处理

详细记录实验过程中的所有实验现象，解释实验现象产生的原因。根据磁选精矿以及尾矿的质量计算原矿样品的磁性矿物含量，以确定磁选可选性指标。

七、实验报告

记录操作过程中遇到的问题以及解决思路，并回答思考题。

八、思考题

（1）试述磁选的基本条件。

（2）磁选在实际工业生产的应用有哪些？

实验 3-2　硫化矿浮选实验

泡沫浮选是目前应用最广泛和最有效的硫化物矿物的分离和富集手段之一。浮选实验的主要内容包括：确定选别方案；通过实验分析影响过程的因素；查明各因素在过程中的主次位置和相互影响的程度，确定最佳工艺条件；提出最终选别指标和必要的其他技术指标。

一、实验要求

（1）掌握硫化矿浮选的方法和步骤。
（2）熟悉常见实验室浮选设备的使用方法。
（3）了解常见硫化物矿物浮选分离的药剂制度。
（4）学习常见硫化物矿物的浮选流程与实验操作，进行实验并撰写实验报告。

二、基本原理

浮选过程通过添加不同的浮选药剂（调整剂、抑制剂、捕收剂等）改变矿物表面物理化学性质，从而调节不同矿物表面的亲疏水性。硫化物矿物因特殊的元素组成和结构，在适宜的矿浆条件下通常容易与黄药、黑药、硫氮等硫化矿捕收剂发生选择性吸附，吸附药剂后的疏水性矿物颗粒容易附着在气泡表面，借助矿浆中的气泡浮力作用富集至泡沫层，进而通过机械作用被刮出，而亲水性的矿物颗粒难以附着气泡则留在矿浆中，实现目的矿物与脉石矿物的分离。

三、仪器设备与材料

锥形球磨机（见图 3-2）、单槽浮选机、盘式真空过滤机、电子分析天平、电热鼓风干燥箱、三头研磨机等。

四、实验步骤

（一）实验准备

（1）破碎：大块的原矿需要进行破碎和筛分以达到实验室用磨矿机的入磨粒度。为了保证试样的代表性，应该一次破碎足够完成整个研究计划的试样。

（2）贮存：封存的试样应放在干燥、阴凉、通风的地方。若有特殊要求，可将试样贮存在惰性气体中。

（3）磨矿：矿石中含有硫化矿时，氧化作用可能会对浮选实验结果有显著影响。为了降低影响，可将原矿破碎至较大粒度进行贮存，实验开始前再将其磨至实验所需的细度。实验时，先将球磨机清洗干净，然后加水加药，最后加矿石。也可留一部分水在最后添加。磨矿结束后，将矿浆倾倒

图 3-2　锥形球磨机示意图

入接矿容器中，根据需要在接矿容器上添加挡球格筛或隔渣筛。

（4）药剂制备：实验开始前，应检查所用药剂的性状、成分、纯度、来源、杂质含量和是否变质，准备满足当日所有实验所需的药剂，配制好的溶液不能长时间放置，特别是黄药、硫化钠之类的药剂，必须当天配当天用。当每份原矿试样质量为 500 g 时，用量较小的药剂可配成 0.5% 的浓度，用量较大的药剂可配成 5% 的浓度。当原矿质量为 1 kg 时，根据药剂用量大小可分别配成 1% 和 10% 两种浓度。非水溶性药剂，如油酸、松醇油、黑药等，采用注射器直接添加，但需预先测定每滴药剂的实际质量，可用滴出固定滴数的药剂在分析天平上称量的方法测定。一些调整剂，如石灰和硫化钠等，可以固体形式添加进磨机中。

（二）浮选作业

实验室常用的浮选机有单槽浮选机和挂槽浮选机等，可以根据实验类型或给矿量等选择合适型号的浮选机。浮选实验开始前，应先清洗浮选机，并检查是否有堵塞现象。进行浮选实验时，首先将装有矿浆的浮选槽装入浮选机，调节液面后开始搅拌调浆。在调浆过程中，一般应尽量避免充气，但是在某些硫化矿的分离实验中，会在不加药剂的条件下预先充气调浆，以扩大矿物可浮性差异。一般调浆加药顺序是：pH 调整剂、抑制剂或活化剂、捕收剂和起泡剂。实验中，泡沫的质量和刮出量可由起泡剂用量、充气量、矿浆液面高度控制，所以阀门开启大小和转速一经确定就应固定不变，以免引入新的变量，影响实验的可比性。开始刮泡后，应注意矿浆液面高度的变化并随时补加水。人工刮泡时，要严格控制刮泡速度和深度，如果操作不稳定，实验结果就很难重复。开始和结束刮泡时，应测定和记录矿浆的 pH 值和温度。每组浮选结束后，需用清水将浮选机清洗干净再开始下一组实验。

（三）产品处理

浮选实验的粗粒产品可直接过滤烘干。硫化物矿物在高温下会发生氧化产生二氧化硫气体，导致产品品位发生变化，影响实验结果。因此，在烘干过程中，温度应控制在110 ℃以下。浮选产品烘干称重后，需要进行缩分和磨细供化学分析，通常可以采用研钵或三头研磨机对缩分好的矿样进行处理。

（四）条件实验

1. 磨矿细度实验

磨矿细度是浮选实验中的首要影响因素，磨矿作业的目的是使矿石中的矿物得到解离，并将矿石磨到适于浮选的粒度。根据工艺矿物学鉴定结果，可以初步判断磨矿的大致细度，但最终必须通过实验加以确定。磨矿细度实验的常规做法是借助文献资料或现场工艺数据等设置不同磨矿时间，如 10 min、12 min、15 min、20 min、30 min，保持其他条件相同，在不同时间（或不同转数）下磨矿，然后分别进行浮选，比较其结果；同时平行地取几份试样，也在上述不同时间下磨矿，将磨矿产物进行筛析，得到不同磨矿时间下的磨矿细度。记录数据即可得到不同磨矿细度下的浮选实验结果。

2. pH 值调整剂实验

矿浆 pH 值对矿物的浮选有着重要的影响。pH 值会影响矿浆的氧化还原电位，对目的矿物和脉石矿物的可浮性造成影响。pH 值还会影响矿浆中各类药剂的存在形式，从而对浮选指标造成影响。目前，对于大多数硫化物矿物，可根据生产经验设置实验 pH 值调整剂种类和用量，在保证其他条件不发生改变的条件下依次进行 pH 值调整剂种类和用量实验。将调整剂分批地加入浮选机的矿浆中，待搅拌一定时间以后，用电 pH 计、比色法等测 pH 值，若 pH 值尚未达到浮选该种矿物所要求的数值，则可再加下一份调整剂，依此类推，直至达到所需的 pH 值为止，最后累计其用量。

3. 调整剂实验

抑制剂和活化剂在多金属矿石和一些难选矿石的浮选分离中起着重要的作用。抑制剂能够选择性地增强某些矿物表面的亲水性，实现目的矿物与脉石矿物的分离。在几种矿物可浮性相似的情况下，加入抑制剂可以选择性地削弱捕收剂在特定矿物表面的吸附，从而达到浮选分离的目的。活化剂能够增强颗粒表面的吸附能力，提高矿物浮选指标。因此，可以在查阅文献结合生产实际的前提下，尝试采用不同调整剂或调整剂之间相互搭配进行调整剂种类实验。确定调整剂种类后，设置合理的调整剂用量梯度，在保持其他条件不发生变化的情况下进行调整剂用量实验。此外，在许多情况下混合使用抑制剂时，各抑制剂之间亦存在交互影响，存在交互影响时，采用多因素组合实验较为合理。

4. 捕收剂实验

通常情况下，可以根据长期的生产和研究实践预先选定捕收剂的种类。此外，可以进行捕收剂种类实验，结合矿石性质和生产实际，尝试采用新药剂或者调整剂之间相互搭配使用，以达到提升浮选指标的效果。确定捕收剂种类后需进行捕收剂用量实验，固定其他条件，只改变捕收剂用量进行对比实验，例如设置用量分别为 20 g/t、40 g/t、60 g/t、80 g/t 进行实验，然后对所得结果进行对比分析。

起泡剂一般不进行专门的实验，其用量多在预先实验或其他条件实验中确定。

5. 矿浆浓度实验

矿浆浓度可对浮选作业的矿浆黏度、浮选指标、设备的选择以及投资和生产成本造成影响。较低的矿浆浓度将导致矿石处理量降低，生产成本和基建设备投入升高。实际生产过程中，大多数浮选作业浓度介于 25%~40%。在浮选泥化程度高的矿石时，通常采用较低的矿浆浓度。

6. 浮选时间实验

浮选时间通常介于 3~15 min，一般在进行各种条件实验过程中便可测出。因此，在进行每个实验时都应记录浮选时间。在浮选条件选定后，可做检查实验。此时可进行分批刮泡，刮泡时间可分别为 2 min，3 min，5 min，8 min，13 min，…，直至浮选终点。

7. 精选实验

在获得了最优的药剂制度的基础上进行精选、扫选次数的开路实验，目的是提高精矿的品位和回收率，获得浮选流程最佳的精选和扫选次数，确定最终的浮选流程。粗选时刮泡得到的粗精矿，需在小容积的浮选机中进行精选，一般不再加入捕收剂和起泡剂，但要注意控制矿浆 pH 值，在某些情况下需加入抑制剂、解吸剂；粗选尾矿一般在粗选槽中继续进行扫选，药剂用量根据文献数据或现场实践经验减小。

五、实验中注意事项

（1）为了保证试样的代表性，应该一次破碎足够完成整个研究计划的试样，以保证矿样的统一。

（2）矿样贮存前应阴干，切忌烘干，封存的试样应放在干燥、阴凉、通风的地方。若有特殊要求，可将试样贮存在惰性气体中。

（3）采用研钵或三头研磨机对缩分好的矿样进行处理前需将研钵或三头研磨机擦拭干净。

（4）实验开始前，应检查所用药剂的性状、成分、纯度、来源、杂质含量和是否变质，准备满足当日所有实验所需的药剂，保证现用现配，以免配制好的溶液因长时间放置而变质。

（5）开始刮泡后，应注意矿浆液面高度的变化并随时补加水。

六、数据处理

（1）记录实验数据于表 3-1 中，并计算得到相应的产率和回收率。

表 3-1　硫化矿浮选实验数据记录表

实验条件	产品	质量/g	产率/%	品位/%		回收率/%	
				Me	S	Me	S
	精矿						
	尾矿						
	合计						
	精矿						
	尾矿						
	合计						

注：Me 为主要元素。

（2）将实验数据绘制成相应折线图或柱状图。

七、实验报告

（1）基于数据分析撰写实验报告，说明实验结论。
（2）记录实验过程中遇到的问题以及解决思路，并回答思考题。

八、思考题

（1）制定硫化矿浮选工艺流程需要考虑的浮选工艺因素主要有哪些？
（2）常见的硫化矿浮选捕收剂有哪些？

实验 3-3　反浮选脱硅实验

铝土矿是生产铝的主要原料，其主要成分是氧化铝和硅酸盐矿物。然而，铝土矿中高含量的硅会在生产过程中引入杂质，影响氧化铝的品质和经济效益。因此，脱硅成为铝土矿提纯过程中的一个关键步骤。本实验旨在通过反浮选方法脱除铝土矿中的硅，研究其脱硅效果和影响因素，优化浮选工艺条件。

一、实验要求

（1）掌握浮选实验装置的结构、原理及操作过程。

（2）掌握反浮选的方法、原理及其实验的基本操作技巧。

（3）了解铝土矿浮选溶液化学性质。

（4）学会观察不同条件下铝土矿反浮选的浮选效果，总结浮选规律。

（5）学会如何选择合适的捕收剂和起泡剂，优化其用量和作用时间，确保实验结果具有代表性和可重复性。

（6）学会调整矿浆的 pH 值，探讨 pH 值对浮选效果的影响，确定最佳浮选条件。

二、基本原理

（一）铝土矿基本性质

铝土矿（又称铝矾土、矾土矿），是指工业上能利用的、以三水铝石、一水软铝石或一水硬铝石为主要矿物所组成的矿石的统称，是不可再生资源。我国铝土矿资源的特点是高铝、高硅、低铁，一水硬铝石是铝土矿中的主要有用矿物，主要杂质则为铝硅酸盐矿物（高岭石、伊利石、叶蜡石、绿泥石及石英等）、铁矿物、钛矿物及硫化物等。

原矿中的硅酸盐脉石矿物多呈隐晶质或微晶集合体产出，与一水硬铝石的嵌布关系复杂。在含硅脉石矿物的基质中常包裹有一水硬铝石等矿物。一水硬铝石常呈大小不等的颗粒，板状或不规则状，被含硅脉石矿物集合体包裹。这些复杂关系给选矿脱硅带来了较大难度。

（二）反浮选的基本原理

反浮选是在浮选时，将所需的矿物留在浮选槽中，脉石矿物随泡沫刮出的过程，是一种利用矿物表面化学性质差异分离矿物的技术。通过在矿浆中加入捕收剂，使目标矿物（本实验中为硅酸盐矿物）选择性地与气泡结合而浮起，形成泡沫产品被带走，留下不被捕收剂作用的氧化铝矿物在矿浆中，从而实现脱硅。

（三）主要浮选药剂及其作用

（1）捕收剂：主要作用是选择性地吸附在硅酸盐矿物表面，使其疏水化，从而附着在气泡上浮起。常用的捕收剂为阳离子捕收剂，如胺类化合物。

（2）起泡剂：用于在矿浆中形成稳定的小气泡，常用的起泡剂包括松油醇和甲基异丁基甲醇等。

（3）pH 值调整剂：调整矿浆的 pH 值，使浮选反应在最有利的条件下进行。

三、仪器设备与材料

实验所用仪器如下：

（1）实验室用浮选机 1 台（见图 3-3）。

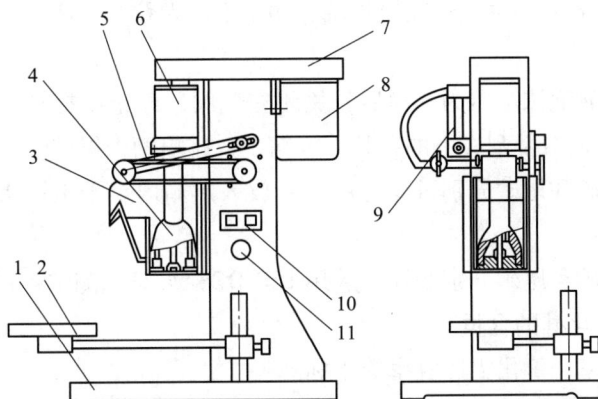

图 3-3　实验室用单槽浮选机示意图

1—机座；2—托板；3—槽体；4—搅拌部分；5—刮板部分；6—主轴部分；
7—护罩；8—电机；9—流量计；10—控制开关；11—刮板开关

（2）pH 计（用于测量和调节矿浆的 pH 值）。

（3）实验室小型磨矿机（用于样品的粒度控制）。

（4）滤纸、过滤器（用于样品的分离和过滤）。

（5）烘箱（用于干燥样品）。

（6）分析天平（用于精确称量样品）。

（7）ICP-OES 或 XRF（用于测定样品中的化学成分）。

实验所需材料如下：

（1）铝土矿样品（粒度为-0.074 mm 的含量占 75%）。

（2）水（实验用去离子水）；捕收剂：阳离子捕收剂（如脂肪胺类化合物）。

（3）起泡剂：松油醇或甲基异丁基甲醇。

（4）pH 值调整剂：硫酸、氢氧化钠等。

四、实验步骤

（1）将铝土矿样品通过破碎、磨矿处理，控制其粒度，使样品中-200 目（-0.074 mm）粒级的含量达到 75%。

（2）配制所需浓度的捕收剂、pH 值调整剂等。

（3）检查、清洗浮选槽并安装就位，称取适量的铝土矿样品，准备进行浮选实验。

（4）将矿样加入浮选槽内，加入一定体积的去离子水，实验均在室温下进行。

（5）关闭进气阀门，打开搅拌开关，待矿浆搅拌均匀。

（6）向矿浆中加入 pH 值调整剂，调整矿浆浓度至所需目标值，搅拌 3 min。

（7）向矿浆中加入所需用量的浮选捕收剂，搅拌 5 min。

（8）向矿浆中加入所需用量的起泡剂，搅拌 1~2 min，打开充气开关向矿浆中充气，随机开启自动。

（9）随着浮选的进行，浮选槽内的液位会逐渐降低，为了保证均匀刮泡，需要用洗瓶不断补加去离子水，同时冲洗黏附在搅拌轴、槽壁上的颗粒。去离子水补加量以不积压泡沫、不刮水为准。

（10）待无泡沫或泡沫基本为水泡后，关闭充气阀，停止搅拌轴，停机。槽壁上黏附的颗粒冲入槽内，溢流口及刮板上的颗粒冲入精矿，排出槽中尾矿。

（11）将分选精矿和尾矿分别过滤、脱水；放入烘箱内烘干至恒重；冷却至室温后称重，记录实验数据。

（12）取适量精矿和尾矿分别制样，采用 ICP-OES 或 XRF 测定各样品的化学成分，重点分析氧化铝和二氧化硅的含量。

（13）计算脱硅率、氧化铝回收率等指标。

五、实验中注意事项

（1）浮选实验开始前，应先清洗浮选机，并检查是否有堵塞现象。

（2）在调浆过程中，一般应尽量避免充气，阀门开启大小和转速一经确定就应固定不变，以免引入新的变量，影响实验的可比性。

（3）每组浮选结束后，需用清水将浮选机清洗干净再开始下一组实验。

（4）实验前应将磨矿机清洗干净，以免污染矿样。

六、数据处理

将实验数据记录于表 3-2 中。

表 3-2 反浮选脱硅实验数据记录表

实验条件	铝土矿样品质量/g	捕收剂用量/(g·t⁻¹)	起泡剂用量/(g·t⁻¹)	充气量/[m³·(m²·min)⁻¹]	主轴转速/(r·min⁻¹)
分选结果	产品	质量/g	产率/%	回收率/%	品位（%）或铝硅比
	精矿				
	尾矿				
	合计				

七、实验报告

编写实验报告，记录操作过程中遇到的问题以及解决思路，并回答思考题。

八、思考题

（1）如何选择合适的浮选药剂，使其能够显著提高脱硅效率？

（2）为什么磨矿粒度不能太高，应在 75% 左右？

（3）哪些环节或者因素可能导致反浮选效率不高？

实验 3-4 浸出实验

一、实验要求

（1）学习和掌握金属矿石搅拌浸出和摇瓶浸出的操作方法和基本原理。

（2）熟悉金属矿石搅拌浸出和摇瓶浸出实验设备的操作及工作原理。

二、基本原理

浸出是利用化学试剂选择性地溶解矿物原料中某些组分的工艺过程，有用组分进入溶液，杂质和脉石等不需要浸出的组分留在渣中从而达到彼此分离。根据矿物原料的性质不同，可以预先焙烧而后浸出，也可以直接浸出。

金属矿石摇瓶浸出和搅拌浸出是金属矿浸出的两种常见方法，通过加入浸出剂使得目的金属在浸出体系中溶出，为后续金属的富集提纯提供原料。

三、仪器设备与材料

（1）锥形瓶：250 mL，若干。

（2）恒温振荡箱：空气浴恒温振荡箱，型号为 THZ-92B。

（3）分析天平：感量为 0.001 g。

（4）酸度计：赛多利斯 PB-10 型酸度计。

（5）电动搅拌器：集热式恒温加热磁力搅拌器，型号为 DF-101S。

（6）津腾溶剂过滤器：1000 mL。

（7）隔膜真空泵：GM-0.33A。

（8）全谱直读等离子发射光谱仪（ICP）。

（9）ORP 电位计：三信。

（10）5 mL 移液枪和 10 mL 离心管。

（11）鼓风干燥箱。

四、实验步骤

（1）称取一定量 -200 目（-0.074mm）的金属矿石于锥形瓶中，加入浸出药剂，固定浸出液体积，记录初始 pH 值和氧化还原电位，确定好浸出周期，并做好周期取样工作。

（2）通过调整矿浆体积分数以及浸出剂浓度确定在不同条件下金属矿石的浸出效果。

（3）摇瓶浸出：将锥形瓶样品置于空气浴恒温振荡箱中，并确定好转速和温度。

（4）搅拌浸出：将锥形瓶样品置于集热式恒温加热磁力搅拌器中，加入转子，并确定好转速和温度。

（5）用 PB-10 型酸度计测量每隔一个浸出周期浸出体系的 pH 值并记录在表中。

（6）用 ORP 电位计测量每隔一个浸出周期浸出体系的氧化还原电位并记录在表中。

（7）用移液枪吸取 1 mL 浸出液，加蒸馏水稀释至 10 mL 并用全谱直读等离子发射光谱仪（ICP）测量金属离子浓度并记录在表中。

（8）浸出实验结束后，将浸出渣用津腾溶剂过滤器过滤，并置于鼓风干燥箱中干燥，以备后续渣相分析。

五、实验中注意事项

（1）所有使用的器具在实验前后都应彻底清洗，避免交叉污染。

（2）时间控制：严格按照实验设计控制浸出时间，以确保可重复性和准确性。

（3）注意搅拌速率，适当的搅拌可以提高浸出效率，但过度搅拌可能导致颗粒破碎或溶液过饱和。

（4）浸出反应对温度敏感，应确保实验过程中温度的精确控制。

六、数据处理

（1）将实验数据记录于表 3-3（供参考）中。

表 3-3　金属矿石浸出实验记录表

样品编号	实验条件	浸出时间：_____ min			
		pH 值	氧化还原电位/mV	金属离子浓度 /(mg·L⁻¹)	金属浸出率 /%
		浸出时间：_____ min			
		pH 值	氧化还原电位/mV	金属离子浓度 /(mg·L⁻¹)	金属浸出率 /%
		浸出时间：_____ min			
		pH 值	氧化还原电位/mV	金属离子浓度 /(mg·L⁻¹)	金属浸出率 /%
		浸出时间：_____ min			
		pH 值	氧化还原电位/mV	金属离子浓度 /(mg·L⁻¹)	金属浸出率 /%

（2）计算金属浸出率：

$$L = \frac{c_0}{c} \times 100\% \tag{3-1}$$

式中　L——金属浸出率，%；

　　c_0——实验测量样品上清液的金属离子浓度，mg/L；

　　c——金属原矿完全浸出的浓度，mg/L。

对同一浸出液进行三次重复测定，实验结果取平均值。

七、实验报告

记录操作过程中遇到的问题以及解决思路，详细且准确记录浸出实验数据并回答下述思考题。

八、思考题

（1）分析搅拌浸出和摇瓶浸出的可能误差来源并说明其解决方法。

（2）试分析金属矿石摇瓶浸出和搅拌浸出的异同及各自适用范围。

（3）比较金属矿石搅拌浸出和摇瓶浸出的优缺点。

实验 3-5　焙烧实验

矿物焙烧实验课程的目的在于通过理论与实践相结合，令学生掌握焙烧技术的基本原理和操作技能，培养学生的科研能力和创新思维，同时让学生了解焙烧在矿物加工和冶金过程中的重要作用，并培养学生的安全意识。

一、实验要求

（1）了解实验仪器设备的基本原理、结构和使用方法，掌握正确的操作流程和安全注意事项。

（2）掌握矿物焙烧的基本原理、工艺流程，包括理解焙烧过程中矿物的物理化学变化、热力学和动力学原理等。

（3）能够将所学的矿物加工、冶金工程等专业知识应用于矿物焙烧的实际操作中，理解焙烧工艺在矿物加工和冶金过程中的重要性。

二、基本原理

焙烧实验一般是难选矿物化学处理的重要步骤，目的是使矿石中某些组分在一定的气氛下加热到一定温度发生化学变化，为后续的物理选矿或浸出作业创造必要的条件，达到有用组分与无用组分分离的目的。焙烧实验包括氧化焙烧、还原焙烧、盐化焙烧和氯化焙烧等。

氧化焙烧：在氧化气氛中进行的焙烧过程，主要用于去除矿物中的硫、砷、碳等有害杂质，或使矿物中的有用组分以氧化物的形式存在，便于后续提取。

还原焙烧：在还原气氛中进行的焙烧过程，主要用于将矿物中的某些高价态元素还原为低价态或金属态。

盐化焙烧（如加盐焙烧）：在焙烧过程中加入钠盐（如添加硫酸钠）等添加剂，使矿物原料中的难溶组分转变为可溶性的钠盐，便于后续浸出提取。这种焙烧方式比一般焙烧温度高，接近于物料的软化点但低于熔点。

氯化焙烧：使用氯化剂使矿物原料中的目的组分转变为气相或凝聚相的氯化物，以实现不同组分的分离和富集。氯化焙烧可根据产品形态和气相中的氧含量进行分类。

焙烧的效果受到多种因素的影响，包括焙烧温度、气氛条件、焙烧时间、矿物粒度、添加剂种类和用量等。这些因素之间相互关联、相互影响，共同决定了焙烧产物的性质和质量。

三、仪器设备与材料

赤铁矿磁化焙烧实验所需仪器设备与材料主要包括标准筛（0.5~2.0 mm）、管式炉（见图 3-4）、分析天平（感量为 0.001 g）、工业天平（感量为 0.1 g）、燃烧舟、氮气、固体还原剂（煤粉、碳粉等）、赤铁矿。

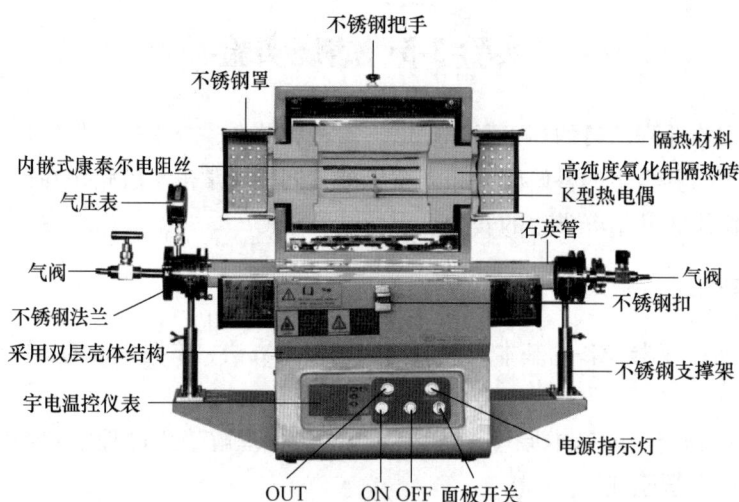

图 3-4 管式炉示意图

四、实验步骤

（1）使用标准筛（0.5~2.0 mm）对破碎后的赤铁矿进行筛分，得到 0.5~2.0 mm 粒级的产品。

（2）使用工业天平称取 10~20 g 粒级为 0.5~2.0 mm 的赤铁矿样品置于燃烧舟中，加入一定量的煤粉或碳粉（赤铁矿与还原剂质量比为 1:3），将固体物料充分混匀并均匀铺展在燃烧舟中，然后将燃烧舟送入管式炉的石英管中。

（3）关闭进气口的阀门（压力表侧）并打开出气口的阀门，使用循环水泵将石英管抽真空（至循环水泵的压力表读数为 0.08 MPa 时即可），将管内空气排出。

（4）关闭出气口阀门，打开进气口阀门，并打开氮气瓶向石英管内通入氮气，直至管式炉上压力表读数恢复为 0 MPa 时，停止通气。

（5）重复步骤（3），再次将石英管抽真空，将管内的空气完全去除后，重复步骤（4），然后打开排气口阀门，使管内气体形成通路。

（6）打开加热装置对管式炉进行预热，使用自动控温器控制炉温上升至规定的温度（800~1000 ℃，升温速度设置为 20 ℃/min），焙烧时间设置为 1.0 h，焙烧过程中保持温度不变。

（7）焙烧完成后，管式炉自动停止加热，打开炉体上盖，在室温条件下自然降温至 40 ℃ 以下时，停止通气，打开排气口端的不锈钢法兰，取出焙烧矿，冷却至室温。

（8）将焙烧好的样品送去进行磁选实验（一般用磁选管磁选），必要时可取样送化学分析。

五、实验中注意事项

（1）焙烧矿样必须放在炉内恒温区。

（2）热电偶热端应放在恒温区。

六、数据处理

进行还原焙烧矿质量检查，计算还原度：

$$R = \frac{w_{FeO}}{w_{TFe}} \times 100\% \tag{3-2}$$

式中 R——还原度，%；

w_{FeO}——焙烧矿中 FeO 含量（质量分数），%；

w_{TFe}——焙烧矿全铁含量（质量分数），%。

注意：在理想还原焙烧的情况下，当矿石中的 Fe_2O_3 全部还原为 FeO 时，焙烧矿的磁性最强。由于 Fe_3O_4 是一个 Fe_2O_3 分子与一个 FeO 分子结合而成的，故当物料全部还原时，矿石中的 Fe_2O_3 与 FeO 的分子数量相等，焙烧矿的还原度为 42.8%，这时还原焙烧效果最好。若 $R>42.8\%$，则说明矿石过还原；若 $R<42.8\%$，则说明矿石欠还原。无论是过还原还是欠还原，矿石的磁性均降低。

将磁化焙烧实验结果记录于表 3-4 中。

表 3-4 磁化焙烧实验结果记录表

实验条件	原矿			焙烧矿			磁选结果		
	w_{TFe}/%	w_{FeO}/%	w_{FeO}/w_{TFe}	w_{TFe}/%	w_{FeO}/%	w_{FeO}/w_{TFe}	精矿产率/%	品位/%	回收率/%

七、实验报告

记录操作过程中遇到的问题以及解决思路，并回答思考题。

八、思考题

（1）为什么赤铁矿能通过添加还原剂还原焙烧而改变其物理化学性质？

（2）说明赤铁矿通过磁化焙烧后采用磁选进行分选的优势。

（3）磁化焙烧一般用于处理哪种类型的矿石？请举例除了赤铁矿以外的其他常使用磁化焙烧处理的矿石。

（4）在焙烧过程中，为何需要将石英管内的空气排尽？N_2 的作用是什么？

第四章　智能分选实验

实验 4-1　煤矸图像采集实验

煤矸图像数据集的采集与制作是进行煤矸智能分选实验必要的前置实验，也是开展智能化研究的基本功之一。

一、实验要求

（1）掌握煤矸矿物图像采集的基本方法和步骤。
（2）学会使用不同的标注软件进行图像标注。
（3）理解图像质量对后续数据分析的重要性。

二、基本原理

煤矸矿物的图像采集主要利用工业相机进行，这些图像将用于后续的数据分析和模型训练。正确设置相机参数、调整传送带速度、合理设计数据采集方案和标注数据是确保图像质量和数据有效性的关键步骤。

三、仪器设备与材料

BASLER 工业相机，传送带，变频器，计算机（安装相机控制软件和 Python 环境），Labelme 软件，样本（煤样、矸石样本）。

四、实验步骤

（1）相机基本参数设置：调整相机的白平衡设置，以确保图像颜色真实。调整光圈和焦距，以获取清晰的图像。

（2）图像拍摄：了解并使用 BASLER 工业相机的自带软件进行拍摄。使用 Python 脚本进行拍摄，以便自动化和批量处理。

（3）调整传送带速度：学习使用变频器来调整传送带速度，确保煤样和矸石样本在拍摄过程中运动平稳。

（4）分组实验：将煤样和矸石样本逐一放置、并排放置、堆叠放置在传送带上进行拍摄。

（5）数据采集设计：设计不同条件下的图像采集方案，包括但不限于不同传送带速度、不同光照条件、不同清晰度、煤样和矸石样本不同的堆叠程度。要求实验中每组学生需采集不少于 800 幅图像，以确保数据集的充分性。

（6）图像标注：学习并使用 Labelme 软件进行样本的目标检测级别标注。对采集的图像进行标注，并形成数据集，为后续的数据分析和模型训练做好准备。

五、实验中注意事项

（1）实验前注意检查相机镜头是否清洁。

（2）物料在传送带上的放置要平稳，避免物料在镜头下发生滚动。

（3）图像采集时注意观察画面是否完整，避免遮挡。

六、数据处理

（1）将采集的图像和标注数据整理成数据集，便于后续使用。

（2）记录不同实验条件下的数据并进行分析，以了解不同条件对图像质量的影响。

七、实验报告

（1）按照实验步骤记录图像采集和标注的过程。

（2）统计所形成数据的情况，包括各种条件下数据采集的数量，同时分析不同实验因素对图像成像质量的影响，并撰写实验报告。

八、思考题

（1）如何设置相机白平衡以确保图像的颜色准确？

（2）传送带速度的调整和相机参数如何匹配才能得到好的成像效果？

（3）设计数据集时如何平衡不同采集条件的样本量？

（4）在标注图像时，如何保证标注的准确性和一致性？

实验 4-2　煤矸智能识别实验

煤矸智能识别是当前煤矿智能化的典型技术场景，开展相关实验便于学生理解此智能化技术的应用流程。

一、实验要求

（1）学会使用图像数据训练机器学习模型。
（2）学会使用图像数据训练深度学习模型。
（3）掌握模型评估和测试的方法。
（4）理解图像模型在矿物智能分选中的应用。

二、基本原理

特征工程与机器学习分类器：通过从图像中提取特征，构建特征向量，利用这些特征进行传统机器学习分类模型的训练。特征提取方法包括边缘检测、纹理分析等。

基于深度学习的图像分类模型：使用卷积神经网络（CNN）对图像进行分类。CNN能自动从图像中提取特征，并用于分类。

基于深度学习的目标检测模型：使用 YOLOv5 模型对图像中的目标进行检测和定位。YOLOv5 是一种高效的目标检测模型，能够实时检测并定位图像中的目标。

三、仪器设备与材料

（1）计算机及软件：用于训练和测试模型的计算机，配置有深度学习框架（如 TensorFlow、PyTorch 等）。

（2）BASLER 工业相机：用于图像采集。

（3）传送带及变频器：用于实验数据采集。

（4）Python 脚本：用于图像裁剪、编号、特征提取和模型训练。

（5）图像数据集：从实验 4-1 中生成的图像数据。

（6）特征提取工具：教学程序脚本中给出的特征提取方法。

（7）机器学习分类器：教学程序脚本中给出的机器学习分类器（如支持向量机、随机森林等）。

四、实验步骤

（1）数据准备：图像数据裁剪与编号，数据集划分。

图像数据裁剪与编号：基于实验 4-1 生成的目标检测数据，使用教学脚本中的相关功能进行自动裁剪与编号，形成图像分类数据集。

数据集划分：将数据集划分为训练集、验证集和测试集。

（2）特征工程：选择特征提取方法，构建特征向量。

选择特征提取方法：从教学程序脚本中选择不超过 10 种特征提取方法（如 SIFT、HOG 等），应用于图像数据，提取特征。

构建特征向量：将提取的特征构建为特征向量，形成训练数据集。

（3）训练传统机器学习分类模型：选择分类器，训练模型。

选择分类器：从教学程序脚本中选择 5 种机器学习分类器（如支持向量机、随机森林等），使用特征工程形成的数据集进行训练。

训练模型：使用训练集对选择的分类器进行训练，得到训练好的传统机器学习分类模型。

（4）训练深度学习分类模型：构建 CNN 模型，训练模型。

构建 CNN 模型：使用图像分类数据集训练卷积神经网络（CNN），构建分类模型。

训练模型：使用训练集对 CNN 模型进行训练，得到训练好的 CNN 深度学习分类模型。

（5）训练目标检测模型：构建 YOLOv5 模型，训练模型。

构建 YOLOv5 模型：使用原始目标检测数据集训练 YOLOv5 模型。

训练模型：使用训练集对 YOLOv5 模型进行训练，得到训练好的 YOLOv5 目标检测模型。

（6）模型测试与评价：导入教学程序脚本，实时测试，记录数据。

导入教学程序脚本：将训练好的三类模型（传统机器学习分类模型、CNN 深度学习分类模型、YOLOv5 目标检测模型）与划分好的测试集导入教学程序脚本，完成离线测试。

实时测试：将训练好的三类模型导入教学程序脚本后，启动传送带，将煤样和矸石样本放在传送带上，观察并记录三类模型实时输出的预测结果。

记录数据：记录不同模型分别测试了多少块煤样和矸石样本，以及各自的准确率。

五、实验中注意事项

（1）实时测试时，请遵循实验 4-1 的注意事项。

（2）数据划分时，注意避免训练集、验证集和测试集的交叉。

（3）在线测试时，注意煤样与矸石样本数量的平衡。

六、数据处理

（1）记录实验结果：记录不同模型的测试结果，包括测试的样本数、预测的准确率等。

（2）分析结果：对比传统机器学习分类模型、CNN 深度学习分类模型和 YOLOv5 目标检测模型的表现情况，分析精度差异和优缺点。

七、实验报告

（1）模型选择理由：描述选择各机器学习模型的理由。

（2）测试结果分析：分析测试中传统机器学习分类模型、CNN 深度学习分类模型和 YOLOv5 目标检测模型的表现情况与精度差异。

（3）结论：总结各模型的优劣势，提出可能优化精度的建议。

八、思考题

（1）特征工程对模型性能有哪些影响？

（2）试述 CNN 与传统机器学习模型在图像分类中的主要区别。

（3）应用目标检测算法的优点和局限性有哪些？

（4）在实际应用中，哪些因素可能会影响煤矸智能识别与分选的精度？

实验 4-3 煤炭显微图像采集实验

煤炭显微图像数据的采集与制作是影响煤炭灰分测定准确性的重要因素，也是开展基于可见光图像的煤炭灰分测定实验的基础。

一、实验要求

（1）掌握煤炭显微图像采集的基本方法和步骤。

（2）理解图像质量对后续数据分析的重要性。

二、基本原理

光源条件、光照强度、水分、煤泥覆盖、样品粒度及多因素交互作用会对煤炭的图像特征产生不同程度的干扰，进而影响灰分检测模型的效果。因此，本实验旨在讨论分析不同条件在可见光图像采集过程中产生的不同影响，以及其各自如何影响图像质量。

三、仪器设备与材料

BASLER 工业相机，LED 灯、白炽灯、卤素灯、荧光灯等光源设备，不同粒度的煤炭样本。

四、实验步骤

（1）探究粒度对图像质量的影响：分别取不同粒度（+0.5 mm，0.25～0.5 mm，0.125～0.25 mm，0.074～0.125 mm）的煤样，铺平在器皿中，保持光源种类、光照强度、采集距离等其余条件一致，进行拍摄，每组做平行对照。

（2）探究不同光源对图像质量的影响：分别将白炽灯、卤素灯、LED 灯、荧光灯作为光源，取粒度为 0.5 mm 的煤样，在相同的采集距离下进行拍摄，每组做平行对照。

（3）探究采集距离对图像质量的影响：分别将采集距离设置为 5 cm、10 cm、15 cm、20 cm，光源条件保持不变，取粒度为 0.5 mm 的煤样进行拍摄，每组做平行对照。

五、实验中注意事项

（1）实验前注意检查相机镜头是否清洁。

（2）使用白炽灯作为光源时先预热 5 min。

（3）使用卤素灯作为光源时注意温度，避免烫伤。

（4）图像采集时注意观察画面是否完整，避免遮挡。

六、数据处理

（1）将采集的图像整理成数据集，便于后续使用。

（2）记录不同实验条件下的数据并进行分析，以了解不同条件对图像质量的影响。

七、实验报告

（1）按照实验步骤记录图像采集的过程。

（2）统计所形成的数据情况，分析不同实验因素对图像成像质量的影响，并撰写实验报告。

八、思考题

（1）不同粒度的煤样为何会在同样的光源条件下呈现出不同的成像质量？

（2）采集距离对成像质量如何影响？

（3）实验过程中，如何确保实验结果可信？

实验 4-4　煤炭显微图像灰分智能检测实验

基于显微图像的灰分智能检测是当前推进选煤厂自动化、智能化的关键技术之一，开展相关实验便于学生理解此智能化技术的应用流程。

一、实验要求

（1）学会使用图像数据训练机器学习模型。
（2）学会使用图像数据训练深度学习模型。
（3）掌握模型评估和测试的方法。
（4）理解图像模型在煤炭灰分检测中的应用。

二、基本原理

基于特征工程的灰分检测方法依赖人工经验，通过提取丰富的特征信息，包括颜色特征和纹理特征等，然后采用特征选择技术对提取的特征进行降维，选用传统机器学习模型，如人工神经网络（ANN）、支持向量机（SVM）、聚类、随机森林等进行训练，实现灰分检测的回归任务。

基于深度学习的煤炭灰分检测方法则无须人工提取特征，直接使用深度学习模型，如卷积神经网络（CNN）、集成深度学习模型、图卷积神经网络等，自动学习更加抽象和复杂的特征表示，实现灰分检测的回归任务。

三、仪器设备与材料

（1）计算机及软件：用于训练和测试模型的计算机，配置有深度学习框架（如 TensorFlow、PyTorch 等）。
（2）BASLER 工业相机：用于图像采集。
（3）Python 脚本：用于图像裁剪、编号、特征提取和模型训练。
（4）图像数据集：从实验 4-3 中获取的煤炭不同灰分的显微图像数据。
（5）特征提取工具：教学程序脚本中给出的特征提取方法。
（6）LED 灯、白炽灯、卤素灯、荧光灯等光源设备。
（7）不同粒度的煤炭样本。

四、实验步骤

（1）数据准备：图像数据裁剪与编号，数据集划分。
图像数据裁剪与编号：基于国标获取的煤炭灰分数据作为图片标签，使用教学脚本中的相关功能进行自动裁剪与编号，形成图像数据集。
数据集划分：将数据集划分为训练集、验证集和测试集。
（2）特征工程：选择特征提取方法，构建特征向量。
选择特征提取方法：从教学程序脚本中选择不超过 10 种特征提取方法（如 SIFT、HOG 等），应用于图像数据，提取特征。

构建特征向量：将提取的特征构建为特征向量，形成训练数据集。

（3）训练传统机器学习回归模型：使用特征工程形成的数据集对传统机器学习回归模型进行训练，得到训练好的传统机器学习回归模型。

（4）训练深度学习回归模型：构建 CNN 模型，训练模型。

构建 CNN 模型：使用原始图像数据集训练卷积神经网络（CNN），构建回归模型。

训练模型：使用训练集对构建好的 CNN 模型进行训练，得到训练好的 CNN 深度学习回归模型。

（5）模型测试与评价：导入教学程序脚本，现场测试，记录数据。

导入教学程序脚本：将训练好的模型（传统机器学习回归模型、CNN 深度学习回归模型）与划分好的测试集导入教学程序脚本，完成离线测试。

现场测试：现场拍摄不同条件下的已知灰分煤炭样本，分别得到两类模型的预测结果，完成现场测试。

记录数据：记录不同模型在不同实验条件下的预测结果，即各自得到的准确率、均方误差等。

五、实验中注意事项

（1）现场测试时，请遵循实验 4-3 的注意事项。

（2）数据划分时，注意避免训练集、验证集和测试集的交叉。

（3）现场测试时，注意拍摄煤炭时的样本代表性。

六、数据处理

（1）记录实验结果：分别记录不同模型的测试结果，包括预测的准确率、均方误差等指标。

（2）分析结果：对比传统机器学习回归模型、CNN 深度学习回归模型的表现情况，分析精度差异和优缺点。

七、实验报告

（1）模型选择理由：描述选择各机器学习模型的理由。

（2）测试结果分析：分析测试中传统机器学习回归模型、CNN 深度学习回归模型的表现情况与精度差异。

（3）结论：总结各模型的优劣势，提出可能优化精度的建议。

八、思考题

（1）除了本实验探讨的几个因素之外，还有哪些条件可能对模型的预测结果造成影响？

（2）光照条件如何影响模型的预测结果？

实验 4-5　煤泥浮选泡沫图像采集实验

浮选泡沫图像数据集的采集与制作是进行浮选过程工况识别的前置实验，也是开展智能化研究的基本功之一。

一、实验要求

（1）掌握浮选泡沫图像采集的基本方法和步骤。
（2）学会使用不同的标注软件进行图像标注。
（3）理解图像质量对后续数据分析的重要性。

二、基本原理

浮选泡沫的图像采集主要利用工业相机进行，这些图像将用于后续的数据分析和模型训练。正确设置相机参数、调整浮选机转速和充气量、加入合理的浮选药剂量、合理设计数据采集方案和标注数据是确保图像质量和数据有效性的关键步骤。

三、仪器设备与材料

BASLER 工业相机，单槽浮选机，计算机（安装相机控制软件和 Python 环境），Labelme 软件，样本（煤样）。

四、实验步骤

（1）相机基本参数设置：调整相机的白平衡设置，以确保图像颜色真实。调整光圈和焦距，以获取清晰的图像。
（2）图像拍摄：了解并使用 BASLER 工业相机的自带软件进行拍摄。使用 Python 脚本进行拍摄，以便自动化和批量处理。
（3）调整浮选机转速：学习使用变频器来调整浮选机转速，确保浮选泡沫在拍摄过程中的稳定性。
（4）分组实验：在不同浮选条件（如药剂用量、搅拌速度、充气量等）下进行泡沫图像拍摄。
（5）数据采集设计：设计不同条件下的图像采集方案，包括但不限于不同浮选机转速、不同矿浆浓度、不同充气量和药剂用量。要求实验中每组学生需采集不少于 1000 幅图像，以确保数据集的充分性。
（6）图像标注：学习并使用 Labelme 软件进行样本的语义分割级别标注。对采集的图像进行标注，标注内容包括气泡边界等特征，并形成数据集，为后续的数据分析和模型训练做好准备。

五、实验中注意事项

（1）实验前注意检查相机镜头是否清洁。
（2）图像采集时注意避免单槽浮选机刮泡时刮板对图像的影响。

（3）药剂用量设计应符合正常浮选实验的标准。

（4）采集测试图像时注意观察画面是否完整。

六、数据处理

（1）将采集的图像和标注数据整理成数据集，便于后续使用。

（2）记录不同实验条件下的数据并进行分析，以了解不同条件对图像质量的影响。

七、实验报告

（1）按照实验步骤记录图像采集和标注的过程。

（2）统计所形成数据的情况，包括各种条件下数据采集的数量，同时分析不同实验因素对图像成像质量的影响，并撰写实验报告。

八、思考题

（1）如何设置相机白平衡以确保图像的颜色准确？

（2）浮选机转速的调整和相机参数如何匹配才能得到好的泡沫成像效果？

（3）设计数据集时如何平衡不同浮选条件（如矿浆浓度、药剂用量）下的样本量？

（4）在标注泡沫图像时，如何保证标注的准确性和一致性，特别是对于气泡尺寸和密度等特征？

实验 4-6　煤泥浮选泡沫识别实验

煤泥浮选泡沫识别是当前选煤厂智能化的典型技术场景，开展相关实验便于学生理解此智能化技术在浮选过程中的应用流程。

一、实验要求

（1）学会使用浮选泡沫图像数据训练机器学习模型。
（2）学会使用浮选泡沫图像数据训练深度学习模型。
（3）掌握浮选泡沫识别模型评估和测试的方法。
（4）理解图像模型在煤泥浮选过程监控中的应用。

二、基本原理

特征工程与机器学习分类器：通过从浮选泡沫图像中提取特征，构建特征向量，利用这些特征进行传统机器学习分类模型的训练。特征提取方法包括泡沫大小分析、颜色分析、纹理分析等。常用的分类器包括支持向量机（SVM）、随机森林（RF）等。

基于深度学习的图像分类模型：使用卷积神经网络（CNN）对浮选泡沫图像进行分类。CNN 能自动从图像中提取特征，并用于分类。常用的网络结构包括 ResNet、VGGNet 等。

基于深度学习的泡沫分割模型：使用 U-Net 或 Mask R-CNN 等语义分割模型对浮选泡沫图像进行像素级分割。这些模型可以精确地识别和定位泡沫的边界，有助于分析泡沫的大小、形状和分布。

三、仪器设备与材料

（1）计算机及软件：用于训练和测试模型的计算机，配置有深度学习框架（如 TensorFlow、PyTorch 等）。
（2）BASLER 工业相机：用于浮选泡沫图像采集。
（3）浮选机及变频器：用于实验数据采集。
（4）Python 脚本：用于图像裁剪、编号、特征提取和模型训练。
（5）图像数据集：从实验 4-5 中生成的浮选泡沫图像数据。
（6）特征提取工具：教学程序脚本中给出的泡沫特征提取方法。
（7）机器学习分类器：教学程序脚本中给出的机器学习分类器（如支持向量机、随机森林等）。

四、实验步骤

（1）数据准备：图像数据裁剪与编号，数据集划分。
图像数据裁剪与编号：基于实验 4-5 生成的浮选泡沫图像数据，使用教学程序脚本中的相关功能进行自动裁剪与编号，形成图像分类数据集。
数据集划分：将数据集划分为训练集、验证集和测试集。

（2）特征工程：选择特征提取方法，构建特征向量。

选择特征提取方法：从教学程序脚本中选择不超过 10 种特征提取方法（如泡沫大小、颜色、纹理等），应用于浮选泡沫图像数据，提取特征。

构建特征向量：将提取的特征构建为特征向量，形成训练数据集。

（3）训练传统机器学习分类模型：选择分类器，训练模型。

选择分类器：从教学程序脚本中选择 3 种机器学习分类器（如支持向量机、随机森林、K 邻近等），使用特征工程形成的数据集进行训练。

训练模型：使用训练集对选择的分类器进行训练，得到训练好的传统机器学习分类模型。

（4）训练深度学习分类模型：构建 CNN 模型，训练模型。

构建 CNN 模型：使用浮选泡沫图像分类数据集训练卷积神经网络（CNN），可以选择 ResNet50 或 VGG16 等预训练模型进行迁移学习，以适应浮选泡沫识别任务。

训练模型：使用训练集对 CNN 模型进行训练，得到训练好的 CNN 深度学习分类模型。

（5）训练泡沫分割模型：构建分割模型，训练模型。

构建分割模型：选择 U-Net 或 Mask R-CNN 模型，用于对浮选泡沫图像进行像素级分割。

训练模型：使用标注好的训练集对分割模型进行训练，得到能够精确定位和分割泡沫的模型。

（6）模型测试与评价：导入教学程序脚本，实时测试，记录数据。

导入教学程序脚本：将训练好的三类模型（传统机器学习分类模型、CNN 深度学习分类模型、泡沫分割模型）与测试集导入教学程序脚本，完成离线测试。

实时测试：将训练好的三类模型导入教学程序脚本后，启动浮选机，采集实时浮选泡沫图像，观察并记录三类模型实时输出的预测结果。

记录数据：记录不同模型分别测试了多少组浮选泡沫图像，以及各自的准确率或分割精度。

五、实验中注意事项

（1）实时测试时，请遵循实验 4-5 的注意事项。

（2）数据划分时，注意避免训练集、验证集和测试集的交叉。

六、数据处理

（1）记录实验结果：记录不同模型的测试结果，包括测试的样本数、预测的准确率、分割的精度（如 IoU）等。

（2）分析结果：对比传统机器学习分类模型、CNN 深度学习分类模型和泡沫分割模型的表现情况，分析精度差异和优缺点。

七、实验报告

（1）模型选择理由：描述选择各机器学习模型的理由。

（2）测试结果分析：分析测试中传统机器学习分类模型、CNN 深度学习分类模型和泡沫分割模型的表现情况与精度差异。

（3）结论：总结各模型的优劣势，提出可能优化精度的建议。

八、思考题

（1）特征工程对浮选泡沫识别模型性能的影响有哪些？

（2）试述 CNN 与传统机器学习模型在浮选泡沫图像分类中的主要区别。

（3）泡沫分割模型在浮选过程监控中的优点和局限性有哪些？

（4）在实际应用中，哪些因素可能会影响煤泥浮选泡沫识别和分割任务的精度？

参 考 文 献

[1] 吕宪俊. 工艺矿物学 [M]. 长沙：中南大学出版社，2011.

[2] 周乐光. 工艺矿物学 [M]. 北京：冶金工业出版社，2002.

[3] 彭耀丽，李延锋. 矿物加工专业实验 [M]. 徐州：中国矿业大学出版社，2022.

[4] 李延锋. 矿物加工实验 [M]. 徐州：中国矿业大学出版社，2016.

[5] 沈亮. 矿物加工工程综合实验指导书 [M]. 徐州：中国矿业大学出版社，2022.

[6] 王翠萍，赵发宝. 煤质分析及煤化工产品检测 [M]. 北京：化学工业出版社，2009.

[7] 金雷. 选煤厂固液分离技术 [M]. 北京：冶金工业出版社，2012.

[8] 煤的工业分析方法：GB/T 212—2008 [S].

[9] 煤的发热量测定方法：GB/T 213—2008 [S].

[10] 选煤厂煤的转筒泥化试验方法：GB/T 26918—2011 [S].

[11] 煤样的制备方法：GB/T 474—2008 [S].

[12] 煤炭筛分试验方法：GB/T 477—2008 [S].

[13] 煤的可磨性指数测定方法 哈德格罗夫法：GB/T 2565—2014 [S].

[14] 煤炭浮沉试验方法：GB/T 478—2008 [S].

[15] 选煤用絮凝剂性能试验方法：GB/T 18712—2002 [S].

[16] 选煤用重介质旋流器工艺性能试验方法及判定规则：GB/T 35054—2018 [S].

[17] 干扰床分选机：GB/T 35066—2018 [S].

[18] 选煤厂重介质旋流器悬浮液中磁性物含量的测定方法：GB/T 35052—2018 [S].

[19] 煤粉（泥）浮选试验 第2部分：顺序评价试验方法：GB/T 30046.2—2013 [S].

[20] 煤粉（泥）可浮性评定方法：GB/T 30047—2013 [S].

[21] 选煤实验室分步释放浮选试验方法：GB/T 36167—2018 [S].

[22] 选煤厂 煤泥水自然沉降试验方法：GB/T 26919—2011 [S].

[23] 水煤浆试验方法 第4部分：表观黏度测定：GB/T 18856.4—2008 [S].

[24] 刘炯天，樊民强. 试验研究方法 [M]. 徐州：中国矿业大学出版社，2006.

[25] 郝临山，彭建喜. 水煤浆制备与应用技术 [M]. 北京：煤炭工业出版社，2003.

[26] 胡海祥. 矿物加工实验理论与方法 [M]. 北京：冶金工业出版社，2012.

[27] 王吉中，杨炳飞. 矿物加工工程专业实验教程 [M]. 北京：地质出版社，2015.

[28] 刘新星，蒋昊. 矿物加工实验技术 [M]. 长沙：中南大学出版社，2015.

[29] 张双全，吴国光. 煤化学 [M]. 徐州：中国矿业大学出版社，2022.

[30] 散装重有色金属浮选精矿取样、制样通则：GB/T 14260—2010 [S].

[31] 孙仲元. 磁选理论及应用 [M]. 长沙：中南大学出版社，2009.

[32] 杨松荣，邱冠周. 浮选工艺及应用 [M]. 北京：冶金工业出版社，2015.

[33] 胡岳华. 矿物浮选 [M]. 长沙：中南大学出版社，2014.

[34] 聂琪，彭芬兰. 磁电选矿技术 [M]. 北京：冶金工业出版社，2023.

[35] 杨华明. 非金属矿物加工设计与分析 [M]. 北京：化学工业出版社，2020.

[36] 桂卫华，阳春华，谢永芳. 矿物浮选泡沫图像处理与过程控制技术 [M]. 长沙：中南大学出版社，2013.